季節と自然のガイドブック

二十四節気　七十二候の自然誌

今給黎　靖夫
Imakiire　Yasuo

・春分・清明・穀雨⇨立夏・小満・芒種・夏至・小暑・大暑⇨立秋・処暑・白露・秋分・寒露・霜降⇨立冬・小雪・大雪

冬

ほおずき書籍

はじめに

私の暮らす町は大都市の郊外に作られた、ごくありふれた新興住宅地にある。里山の丘陵地を切り開いて作られた造成地に、築20～30年を経たどれも似たような造りの家がずらりと並ぶ、何処にでもありそうなベッドタウンである。この町から車で５分も走ると、そこには昔ながらの里山の風景が残っている。とは言っても、切り開かれた町と町の狭間にモザイクのように残る小さな農村。それでも、田の畦道には季節を告げる野草が咲き、川や水を張られた田には、春や秋の渡りの時期になるとシギやチドリも立ち寄り楽しませてくれる。コナラの生える夏の林には、クワガタムシやカブトムシが樹液に群れる姿があり、小さな農道を走ると、草むらから驚いたイタチが不意に飛び出すことさえある。

開発の手を免れた自然豊かな場所に比べれば、私のフィールドの生きものたちは、種類も出合う頻度もとてもわずかだ。しかし、このささやかな自然は他に比べもののないくらい美しく輝き、季節の折節に様々な生の物語を語ってくれる。我が町に限らず、日本の身近な自然は日ごと少しずつ消えようとしている。それだけに折々の生きものたちとの遭遇の体験は、古の人々が詩歌や絵として書き残した自然への敬意や感動と同様、いや、それ以上に強く心に響き残るのである。

鳥、昆虫、小動物、野生植物、園芸植物、里の風景。それに雨や雪、雲や月までも。この様々な自然との日々の出会いを、今では時代遅れと思われそうな二十四節気（にじゅうしせっき）という季節の暦を軸にまとめたのが本書である。

二十四節気は古代中国で誕生した暦である。太陽の一年の周期を基に作られたこの暦の24の季節の区分点は、自然が相手である農耕作業の節目節目を知らせる重要な役目を果たすもので、これが飛鳥時代に日本にも伝えられた。

太陽暦が主流の現代の生活だが、「啓蟄」や「霜降」など、二十四節気は短歌や俳句の季語として、時には手紙の時候の言葉としてなお生き続けている。太陽が変わりなく地球に光を注ぎ続ける限り、太陽の日長の変化を反映した暦であるこの二十四節気の自然の言葉もまた消えることはないと信じている。

しかし、私たちが直面する危機はその太陽の光。大気汚染に起因するだろう地球の気候変動。年ごとに上昇する気温によって、身近な生きものたちの顔ぶれも知らず知らずのうちに変わりつつある。寒い時代から棲み続けた種は姿を消し、見慣れぬ南方起原の種がいつしか住み着き、異常な繁殖力で数を増やしている現実を知って驚かされる。

二十四節気は太陽の日長変化、すなわち地球に届く太陽の光量に関わる暦である。そのため、陽光によって実際に大気が暖まるまでにはひと月以上の時間的ずれが起こってしまう。このため、寒さの底が立春であり、猛暑の最中に立秋が訪れるというように、実態とそぐわないと感じることもある二十四節気である。しかし、この特性は季節の訪れを一歩先んじて察知し、作業を進めなければならない農耕にとっては好都合であり、今でも欠かすことのできない暦である。

地球規模の温暖化や人口の集中する都市部でのヒートアイランド化による気温の上昇で、桜の開花時期がどんどん早まるなど、私たちの身近で自然のリズムが狂い始めるなどの危惧すべき状況が起こり始めている。こんな時代であればこそ、自然のリズムを正確に刻んだ二十四節気の暦を日々の生活の中で折に触れ思い起こし、身近な自然の有り様をもう一度見直してみてはどうだろうか。古い時代に編み出された時代遅れと思いこんでいた暦が、私たちを取り巻くあらゆる自然は、太陽をめぐる宇宙のリズムに司られているのだということを再認識させてくれるのにきっと驚かされることだろう。

本書では、二十四節気と七十二候（しちじゅうにこう）について、気候･気象、生物、天文に加え、俳句などの文学の話題も交え、多面的に各節気の特徴を解説した。さらに、その節気ならではのいくつかのエピソードを盛り込み、それぞれの季節感が一層深められるようにした。本書を捲れば、二十四あるいは七十二もの日本の多様な自然の移ろいがスムーズに把握できるだろう。更には、行きつ戻りつして進む季節の推移を簡潔に理解できるに違いない。

季節折々に、身近な自然のちょっとした疑問に出会った時や、詩作などの創作のヒントや考証など、自然の愛好者はもちろん、より多くの方に本書をひも解いて、自然の理解や慈しみを一層深めていただければ幸いである。

もくじ

夏

冬

暦と自然

春に稲の種を播き、梅雨の雨や、暑さの夏を経て、秋の実りの季節を迎える。このように農作業は季節の移ろいと共に進んでゆく。自然に逆らえば、収穫の保証されない昔の農耕では、木々が芽を吹き、桜が花盛りとなり、カッコウが鳴き出すといった、身近な自然の移ろいが、農事の節目を知らせる暦であった。この自然暦を正確に読みとることで、秋の収穫は保証されたのだろう。

その季節の移ろいを作るのは、一年周期で変化する太陽から届く光の長さ（日長）。月日は、寒さが日増しに深まった日長の最も短い夜を経て、再び陽の光を取りもどす。違うことなく廻ってくる光の季節変化に、木々は鋭敏に春の訪れを感受する。この自然暦は、太陽の日長の変化による「光のカレンダー」とも言えるだろう。

さて、日本の暦は、中国で誕生したものが朝鮮半島を経由して伝えられた。大和朝廷は、百済から暦法や天文に優れた僧を招き、推古12（604）年に日本最初の暦を作った。これは百済が朝貢関係を結んでいた中国劉氏宋王朝の制定する「元嘉暦（げんかれき）」に倣ったものだった。この元嘉暦は、月の朔望の一ヶ月を基にした太陰暦に、一太陽年を24等分した点を刻んだ、太陰太陽暦の一つであった。

この元嘉暦を始まりとする日本の暦は、その後様々な修正を経て、明治維新によって樹立された明治政府が、明治6（1873）年に太陽暦（グレゴリオ暦）を採用するまで、1,200年以上にもわたって、公式な暦として使用されて来た。

古墳時代まで自然暦という光のカレンダーで農事を進めた古代の人々も、飛鳥時代から1,200年以上もの間、太陽からの光の長短を反映した二十四節気を暮らしの標としてきた人々も、ともに太陽の日長が刻む季節の便りをよりどころとしたことに変わりはない。自然暦の時代には、自然の摂理やその移ろいに精緻した人は、「日知り（聖）」として崇拝されたという。日食や月食などの天体の不思議な自然現象を正確に占うことは、呪縛力、権力を高めることに繋がっただろう。古代の人々に比較して、我々現代人は、自然との関わりが希薄になるにつれ、益々自然を読み解く能力を失いつつあるように思う。

立春や立秋といった二十四節気の24の言葉は、季節感を醸し出す強烈なイメージと詩的なインパクトを持っている。その一つ一つの言葉は、身近な自然を見詰める機会を失った人が、例えばカレンダーの「立春」の文字に「今日から春か…」と呟く時、24の月日の節々で、季節の遅速や、過去と現在の気候の変貌を見つめ直す機会をあたえてくれるだろう。旧暦として忘れ去られるどころか、二十四節気の季節の刻みは、自然を見直し、その移ろいを体現させてくれる貴重な暦ではないだろうか。

二十四節気

太陰暦は月の満ち欠け（朔望）の周期に基づいた暦で、一ヶ月は29.5日。太陰暦は夜空の月を見れば、新月なら月の一日、上弦の半月が七日、満月は十五日と、その日の日付がおおよそ知れる非常に便利な暦だが、陰暦の十二月は、地球が太陽の周りを１回転（公転）する期間を１年とする太陽暦に比べ、11日短くなってしまう。そのため、太陰暦では19年に７回、１年を13月とする閏月（うるう）を設け、そのズレを修正している。

このように太陰暦では、暦上の季節（暦日）と実際の季節にズレが生じるため、農耕をはじめとする実生活にとって不合理な一面のある暦であった。こうした不便を解消しようと誕生したのが、太陰暦に気候の推移を記した二十四節気である。

二十四節気は、地球からみた天球上の太陽の年周運動である黄径（こうけい）を、冬至を基点として、15度ごとに刻んだ24の気を設け、それぞれの季節に相応しい名を付けた暦上の季節点である。太陰暦に太陽の推移を加味したこの太陰太陽暦の登場で、季節の移ろいを正しく知ることができるようになったのである。

二十四節気では、昼間の最も短い冬至、最も長い夏至の二至、昼夜が同じ春分と秋分の二分を設け、この二至二分（冬至、春分、夏至、秋分）を、冬、春、夏、秋の各季節の中央としている。この二至二分の中間が立春、立夏、立秋、立冬の四立（しりゅう）で、各季節の始まりとされている。二至二分と四立の８節が二十四節気の基本となる節で、立春がその始まりの節である。

立春、啓蟄、清明、立夏、芒種、小暑、立秋、白露、寒露、立冬、大雪、小寒を「節（節気、正節）」といい、雨水、春分、穀雨、小満、夏至、大暑、処暑、秋分、霜降、小雪、冬至、大寒を「中（中気）」と呼ぶ。太陰太陽暦では、その月に含まれる中気によって「月名」が決定される。しかし、太陰暦の１年は、太陽暦のそれより約11日短いから、中気を含まない月が出る年もある。そこでこの月を閏月として、その前の月名の前に「閏」をつけて「閏七月」などと呼ぶ。

二十四節気は、紀元前11世紀の『周書序』に既に登場しているが、我が国で使用されるようになったのは、百済から伝わった元嘉暦以降のことである。飛鳥時代の697年から、元嘉暦に代わって唐で採用されていた儀鳳暦が用いられ、奈良時代の764年からは、吉備真備が唐から持ち帰った大衍暦が採用された。平安時代には、渤海の馬孝慎の献上した（唐で行用されていた）宣明暦が貞観４（862）年から823年もの長期にわたって使用された。

1,000年以上もの間使用され続けたこれらの暦は、いずれも中国から伝来した暦であったが、ようやく貞享元（1684）年に我が国独自の暦である貞享暦が誕生した。

渋川春海によって編纂されたこの貞享暦は、京都を（経度の）基点にした暦法で、国土の実態に即した初めての和暦であった。これ以降、江戸時代に使用された暦は宝暦暦、寛政暦と変遷し、1844年から天保暦が採用された。

天保暦は徳川吉宗の命により、当時最新のヨーロッパの天文学や暦学の成果を取り入れた暦法に基づくものであった。これまで、二十四節気の一節気は、1太陽年を24等分した約15.218日を基に、冬至を基点に節気の日時を決定する恒気（平気あるいは常気）法によっていた。天保暦では、地球が太陽の周りを楕円軌道で公転しているという新しい天文学の知識に基づき、太陽の黄道上の位置である黄経が15度移動するごとに、春分点を基点（黄経０度）に、１節気進める定気（実気）法が用いられた。この方法により、一定であった１節気の間隔は、約14.72～15.73日と一定ではなくなったが、二十四節気の暦点は太陽の推移に即したより科学的な暦となった。

なお、俳句の季語は、二十四節気を季節の句切りの基準としている。

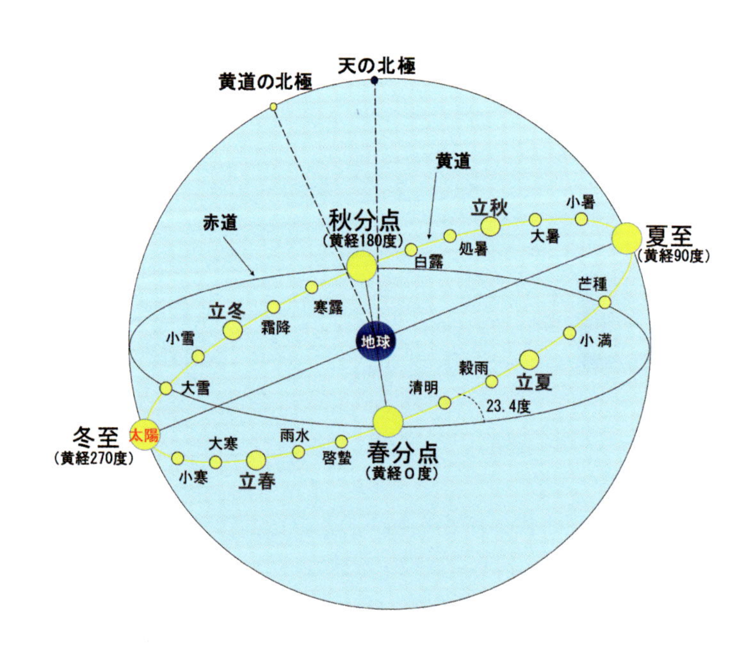

表１　四季・二十四節気

四季		二十四節気				
		十二節月	名称	新暦の日取り（頃）	太陽黄径（度）	名称の意味
春	初春	正月節（睦月）	立春	２月４日～18日	315	春になる時
		正月中（睦月）	雨水	２月19日～３月５日	330	雪や氷が解け、雪に変わり雨が降る
	仲春	二月節（如月）	啓蟄	３月６日～20日	345	虫が目覚め動き出す
		二月中（如月）	春分	３月21日～４月４日	0	立春から始まる春の中間点
	晩春	三月節（弥生）	清明	４月５日～19日	15	万物が清く明るく生き生きと見える
		三月中（弥生）	穀雨	４月20日～５月４日	30	穀物を潤す雨が降る
夏	初夏	四月節（卯月）	立夏	５月５日～20日	45	夏になる時
		四月中（卯月）	小満	５月21日～６月５日	60	気温、湿度が高まり、草木が茂る
	仲夏	五月節（皐月）	芒種	６月６日～20日	75	麦を刈り、稲を植える
		五月中（皐月）	夏至	６月21日～７月６日	90	立夏から始まる夏の中間点
	晩夏	六月節（水無月）	小暑	７月７日～22日	105	本格的に暑くなり出す
		六月中（水無月）	大暑	７月23日～８月６日	120	暑さの極み
秋	初秋	七月節（文月）	立秋	８月７日～22日	135	秋になる時
		七月中（文月）	処暑	８月23日～９月７日	150	暑さがおさまる
	仲秋	八月節（葉月）	白露	９月８日～22日	165	秋めいて、白露を結ぶ
		八月中（葉月）	秋分	９月23日～10月７日	180	立秋から始まる秋の中間点
	晩秋	九月節（長月）	寒露	10月８日～22日	195	冷たい露を結ぶ
		九月節（長月）	霜降	10月23日～11月６日	210	霜が降る
冬	初冬	十月節（神無月）	立冬	11月７日～21日	225	冬になる時
		十月中（神無月）	小雪	11月22日～12月６日	240	雪が降り出す
	仲冬	十一月節（霜月）	大雪	12月７日～21日	255	本格的に雪が降り出す
		十一月中（霜月）	冬至	12月22日～１月５日	270	立冬から始まる冬の中間点
	晩冬	十二月節（師走）	小寒	１月６日～19日	285	本格的に寒くなり出す
		十二月中（師走）	大寒	１月20日～２月３日	300	寒さの極み

七十二候

七十二候は二十四節気の各一気（約15日）を約５日ごとに初候、二候、三候と３等分し、１年を七十二候に分けたものである。ウグイスが鳴き始めるという意味の「黄鴬睍睆」や、青虫が羽化して蝶になるという意味の「菜虫化蝶」のように、それぞれの季節時点に相応しい自然現象や動植物の行動を短い言葉で表現し、季節を約５日と短く区切ることで、季節の移ろいをより子細に示している。

七十二候は、中国華北省地方の自然の推移を基に、『呂氏春秋』（紀元前235年）に記載されたのが始まりとされている。七十二候は、元嘉暦をはじめとして、奈良・平安時代に使われた具注暦に記載されていた。これらは中国王朝で使用されていたものをそのまま導入したものであったから、七十二候の表現は、田鼠（くまねずみ）が鴽（うずら）になるという意味の「田鼠化為鴽」といった不可解な内容のものや、虎が交尾を始めるという意味の「虎始交」のように日本に生息しない生物が記されているなど、我が国の自然や気候風土にそぐわない表現も多く、ほとんど実用とならなかったようである。

1,000年以上も使用され続けた様々な中国直伝とも言える暦に代わって、ようやく江戸時代中期に我が国独自の暦法による貞享暦が登場した。京都を基点にしたこの暦に記載された本朝七十二候（新制七十二候）によって、自然現象、気候、動植物の生理・行動などの表現は、初めて日本の季節の推移に見合ったものに修正されたのである。これ以後も、江戸後期には上田秋成が七十二候新題（七十二候集解）を作成し、明治の改暦においても七十二候は大幅に改正され、これが現代まで踏襲されている。さらに、近年では暦の会によって「現代七十二候」が編集されている。

貞享暦以降、野鳥の渡去、昆虫や爬虫類の出現や越冬、草木の開花や結実、霜、氷、虹、雨などの気象現象など、刻々と移り変わる自然の様を簡潔に表現している七十二候は、我が国の風土により一層即したものに修正されたことで、次に述べる雑節とともに、季節を先読みして段取りする農事には欠かせないものとなった。

１年を24等分した二十四節気、それらを更に３等分した七十二候は、１年を５日ごとの細かに区切って自然を認識するのであるから、自然の移ろう姿を細やかに見つめることになる。七十二候を基にする暮らしは、おのずと深い自然認識を培い、自然に対する感性を豊かにしてくれるのは確かだろう。自然とのつき合いが希薄な現代であればこそ、もう一度、七十二候が見直されてほしい。

表２　四季・二十四節気・七十二候

四季		二十四節気		七十二候（宝暦暦・寛政暦・略本暦）			
				候	新暦の日取り（頃）	七十二候	
春	初春	正月節（睦月）	立春	初候	2月4日～8日	東風解凍（とうふうこおりをとく）	春の風（東風）が氷を解かす
				次候	2月9日～13日	黄鶯睍睆（こうおうけんかんす）	ウグイスが鳴き始める
				末候	2月14日～18日	魚氷上（うおこおりにのぼる）	魚が割れた氷から飛び出す
		正月中（睦月）	雨水	初候	2月19日～23日	土脉潤起（つちのしょううるおいおこる）	土が雨で湿り気を帯びる
				次候	2月24日～28日（平年）	霞始靆（かすみはじめてたなびく）	霞がたなびき始める
				末候	3月1日～5日	草木萌動（そうもくきざしうごく）	草木が芽を吹き始める
	仲春	二月節（如月）	啓蟄	初候	3月6日～10日	蟄虫啓戸（ちっちゅうこをひらく）	冬ごもりの虫が土から出てくる
				次候	3月11日～15日	桃始笑（ももはじめてわらう）	桃の花が咲き始める
				末候	3月16日～20日	菜虫化蝶（なむしちょうとなる）	モンシロチョウの幼虫が羽化する
		二月中（如月）	春分	初候	3月21日～25日	雀始巣（すずめはじめてすくう）	スズメが巣をつくり始める
				次候	3月26日～30日	桜始開（さくらはじめてひらく）	桜の花が咲き始める
				末候	3月31日～4月4日	雷乃発声（らいすなわちこえをはっす）	春の雷が鳴り始める
	晩春	三月節（弥生）	清明	初候	4月5日～9日	玄鳥至（げんちょういたる）	ツバメが南から飛来する
				次候	4月10日～14日	鴻雁北（こうがんきたす）	ガンが北へ渡去する
				末候	4月15日～19日	虹始見（にじはじめてあらわる）	鮮やかな虹が見え始める
		三月中（弥生）	穀雨	初候	4月20日～24日	葭始生（よしはじめてしょうず）	ヨシが芽吹き始める
				次候	4月25日～29日	霜止出苗（しもやんでなえいず）	霜が収まり苗代の稲が育つ
				末候	4月30日～5月4日	牡丹華（ぼたんはなさく）	牡丹の花が咲き始める
夏	初夏	四月節（卯月）	立夏	初候	5月5日～9日	蛙始鳴（かえるはじめてなく）	カエルが鳴き始める
				次候	5月10日～14日	蚯蚓出（きゅういんいずる）	ミミズが地上に這い出る
				末候	5月15日～20日	竹笋生（ちくかんしょうず）	竹の子が生え始める
		四月中（卯月）	小満	初候	5月21日～25日	蚕起食桑（かいこおこってくわをくらう）	蚕が盛んに桑の葉を食べ始める
				次候	5月26日～30日	紅花栄（こうかさかう）	ベニバナが盛んに咲く
				末候	5月31日～6月5日	麦秋生（ばくしゅういたる）	麦が熟して畑は黄金色になる
	仲夏	五月節（皐月）	芒種	初候	6月6日～10日	蟷螂生（とうろうしょうず）	カマキリが生まれる
				次候	6月11日～15日	腐草為螢（ふそうほたるとなる）	腐った草からホタルが現れる
				末候	6月16日～20日	梅子黄（うめのみきなり）	梅の実が黄色く熟す
		五月中（皐月）	夏至	初候	6月21日～26日	乃東枯（ないとうかるる）	ウツボグサが枯れだす
				次候	6月27日～7月1日	菖蒲華（あやめはなさく）	アヤメが咲き始める
				末候	7月2日～6日	半夏生（はんげしょうず）	カラスビシャクが生え始める
	晩夏	六月節（水無月）	小暑	初候	7月7日～11日	温風至（おんぷういたる）	温かい風が吹き始める
				次候	7月12日～16日	蓮始華（はすはじめてはなさく）	ハスの花が咲き始める
				末候	7月17日～22日	鷹乃学習（たかすなわちがくしゅうす）	今年生まれた鷹が飛翔の練習を始める
		六月中（水無月）	大暑	初候	7月23日～27日	桐始結花（きりはじめてはなをむすぶ）	桐の花が結実する
				次候	7月28日～8月1日	土潤溽暑（つちうるおいてむしあつし）	土が湿り蒸し暑くなる
				末候	8月2日～6日	大雨時行（たいうときどきおこなう）	大雨が時に降る

四季		二十四節気		七十二候（宝暦暦・寛政暦・略本暦）			
				候	新暦の日取り（頃）	七十二候	
秋	初秋	七月節（文月）	立秋	初候	8月7日～12日	りょうふういたる 涼風至	涼しい風が立ち始める
				次候	8月13日～17日	かんせんなく 寒蝉鳴	ヒグラシが鳴き始める
				末候	8月18日～22日	ふかききりまとう 蒙霧升降	濃い霧が立ち込め始める
		七月中（文月）	処暑	初候	8月23日～27日	めんぷひらく 綿柎開	ワタの萼が開き始める
				次候	8月28日～9月1日	てんちはじめてしゅくす 天地始粛	暑さがようやく鎮まる
				末候	9月2日～7日	こくものすなわちのぼる 禾乃登	穀物が実る
	仲秋	八月節（葉月）	白露	初候	9月8日～12日	そうろしろし 草露白	草の露が白く見える
				次候	9月13日～17日	せきれいなく 鶺鴒鳴	セキレイが鳴き始める
				末候	9月18日～22日	げんちょうさる 玄鳥去	ツバメが南下する
		八月中（葉月）	秋分	初候	9月23日～27日	らいすなわちこえをおさむ 雷乃収声	雷鳴が聞こえなくなる
				次候	9月28日～10月2日	ちっちゅうこをはいす 蟄虫坏戸	土の中に住む虫が越冬に入る
				末候	10月3日～7日	みずはじめてかる 水始涸	水田の水を抜かれる
	晩秋	九月節（長月）	寒露	初候	10月8日～12日	こうがんきたる 鴻雁来	ガンが渡来し始める
				次候	10月13日～17日	きくはなひらく 菊花開	キクの花が咲き始める
				末候	10月18日～22日	しっそくこにあり 蟋蟀在戸	キリギリスが家の中で鳴き始める
		九月中（長月）	霜降	初候	10月23日～27日	しもはじめてふる 霜始降	霜が降り始める
				次候	10月28日～11月1日	しぐれときどきほどこす 霎時施	小雨がしとしと降るようになる
				末候	11月2日～6日	ふうかつきなり 楓蔦黄	モミジやツタの紅葉が始まる
冬	初冬	十月節（神無月）	立冬	初候	11月7日～11日	つばきはじめてひらく 山茶始開	サザンカの花が咲き始める
				次候	11月12日～16日	ちはじめてこおる 地始凍	大地が凍り始める
				末候	11月17日～21日	きんせんかさく 金盞香	スイセンの花が咲き始める
		十月中（神無月）	小雪	初候	11月22日～27日	にじかくれてみえず 虹蔵不見	虹が現れなくなる
				次候	11月28日～12月2日	さくふうはをはらふ 朔風払葉	北風が葉を払いのける
				末候	12月3日～6日	たちばなはじめてきなり 橘始黄	タチバナの葉が黄葉し始める
	仲冬	十一月節（霜月）	大雪	初候	12月7日～11日	へいそくしてふゆとなる 閉塞成冬	天と地が塞がり真冬になる
				次候	12月12日～15日	くまあなにちっす 熊蟄穴	熊が冬眠のために穴に篭る
				末候	12月16日～21日	けつぎょむらがる 厥魚群	鮭が群がり川を上る
		十一月中（霜月）	冬至	初候	12月22日～26日	ないとうしょうず 乃東生	ウツボグサが芽を出す
				次候	12月27日～31日	びかくげす 麋角解	シカが角を落とし始める
				末候	1月1日～5日	せつかむぎをいだす 雪下出麦	麦が雪の下で芽を出す
	晩冬	十二月節（師走）	小寒	初候	1月6日～9日	せりすなわちさかう 芹乃栄	セリがよく育つ
				次候	1月10日～14日	すいせんうごく 水泉動	凍った泉が動き始める
				末候	1月15日～19日	きじはじめてなく 雉始雊	オスのキジが鳴き始める
		十二月中（師走）	大寒	初候	1月20日～24日	かんとうはなさく 款冬華	フキノトウの蕾が出始める
				次候	1月25日～29日	さわみずこおりつめる 水沢腹堅	沢の氷が厚く張る
				末候	1月30日～2月3日	にわとりはじめてにゅうす 鶏始乳	ニワトリが卵を産み始める

具注と雑節

大化の改新（645年）で定められた律令制では、天文、占いなどを司る役所である陰陽寮によって暦が編纂されたが、これ以降の朝廷によって作成された官暦は、二十四節気、七十二候、年中行事、吉凶、禍福など、暦日に毎日の些細な注を記入した「具注暦」であった。この具注暦は中国の暦に倣ったものであったから、暦注も細々と漢文で書かれていて、教養を積んだ人だけが利用できる暦であった。

平安時代中期以降、国風文化が隆盛し仮名文字が普及するにつれ、具注暦に仮名書きを交えた仮名暦が作られるようになった。仮名暦の登場で、利用できる層が拡大し、暦の修正も容易になると、暦注も簡素化され、日本独自の年中行事や農作業の段取りなどが記載されるようになった。やがて、朝廷の権力の低下により、官制暦が地方に伝達しにくくなると、代わって地方独自の仮名暦が急速に普及した。こうして日本独自の年中行事や農事に関わる暦注を書き込んだ地方独自の「三島暦」などの（筆書きでない木版刷りの）版暦が各地に誕生するようになった。

雑節はこのような地方暦の暦注から生まれたもので、江戸時代に編纂された貞享暦から、初めて官暦に採用されるようになった。雑説は、節分、彼岸、社日、八十八夜、入梅、半夏生、土用、二百十日、二百二十日の九つで、このほかに、初午、中元、盂蘭盆、大祓を加える場合もある。雑説は、その日が農作業に重要な節目であることや、民俗行事の時点であることを喚起し、季節の移り変わりを二十四節気、五節句などの暦日の補助として、さらに子細に知らせる日本独自の暦日である。

雑説の一つ「節分」は、立春、立夏、立秋、立冬の四立の前日で、四季の分かれ目の日である。立春を一年の初めとする立春正月の風習や、一年の邪気を祓う節分の豆まきの行事などが重なり、今では立春の前日の節分だけが暦に記されるようになったが、立夏、立秋、立冬の前日もやはり節分なのである。

本書の使い方

☞本書では、日本の風土の一年を、自然、気候・気象、農事、民俗・風習などの様々な角度から、二十四節気を季節の区切りとして、立春から順を追って解説した。二十四節気の一つの期間は約15日で、この期間を「気」と呼ぶ。気を更に約5日ごとに初候、次候、末候の順で区切ったのが七十二候で、この一つの期間を「候」と呼ぶ。すなわち二十四節気七十二候は、5日ごとに移り変わる「気候」の姿でもある。

☞一つの気をそれぞれ計6ページで解説した。初めの2ページで二十四節気（気）の概要を、次の1ページでは七十二候（各3候）を解説している。後の3ページでは、その気を象徴する様々な話題を取り上げた。季節の様相をよりイメージできるように、詩歌などの文学作品を引用している。特に俳句は、季節の言葉である季語を用いる定型詩だが、季節感を的確に表現した作品を例句として多数取り上げた。また、季語を含め、気象現象、風習などにかかわる日本独特の季節の言葉を数多く紹介した。細やかで豊かな日本人の感性や自然観を示す文化としての貴重な言葉が、絶えることなくいつまでも使われ続けることを願い、廃れつつある言葉もできるだけ採用した。巻末に、これらの言葉を含めた索引を付けたので活用願いたい。

☞それぞれの気や候の季節の折々に撮影した自然や気候・気象、天文などの写真を多数掲載しているので、ページをめくるだけで、日本の季節の細やかに移ろう姿を概観し、更に、その時節の季節感をつかむことができるだろう。なお写真は、季節感や空気感などを表現するため、可能な限りそれぞれの気と候の時節内に撮影したものを採用した。

☞二十四節気七十二候や雑節などについては、巻頭で簡単に解説したが、旧暦、和暦などの暦についてもっと詳しく知りたい方は、巻末の引用・参考文献に挙げた書籍を参照されたい。なお、本書作成にあたってこれらの文献以外にも様々な書籍やサイトを参考にさせていただいたことを付け加え、感謝の意としたい。

☞インデックス等に使用した各季節の色は、陰陽五行説の春＝青、夏＝赤、秋＝白、冬＝黒に基づいている。

☞各気の1ページ目の右下の図では、上図に一年の太陽の南中高度（仰角）の変化を示した。二至の夏至を黄、冬至を黒、二分（春分、秋分）と四立（立春、立夏、立秋、立冬）を白、解説する該当の気（二十四節気）を赤で示した。

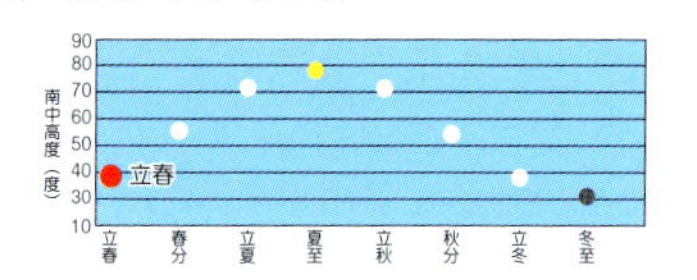

下図で、各気における夜の時間（日没から日の出まで）と昼の時間（日の出から日没まで）を帯グラフで示した。夜の時間を暗色、昼の時間を明色で色分けしている。更に、夜の時間が最も長く昼の時間が最も短い冬至と夜の時間が最も短く昼の時間が最も長い夏至についても併せて図示したので、各気の夜の時間と昼の時間の様相を理解できるだろう。なお、太陽の南中高度、日の出時間、日没時間は、各気の初日における東京での値に基づいて作成したものである。

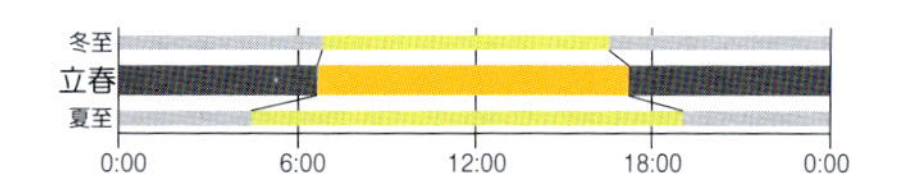

春 ①〜⑥
夏 ⑦〜⑫
秋 ⑬〜⑱
冬 ⑲〜㉔

① 立春　春になる時

・新暦：２月４日～18日頃　・旧暦：正月　・和風月名：睦月

立春は新暦の２月４日頃で、太陽の黄経が315度を通過する日。節分の翌日にあたり、暦上ではこの日から立夏の前日までが春である。立春をもって、小寒から大寒までの「寒の内」に別れを告げ、寒が明ける。「春立つ」とはいえ、現実には雪が最も深く積もり、寒さも極みの頃で、実感はなお晩冬。北国は、さっぽろ雪まつりや、秋田県横手のかまくら（雪まつり）、蔵王の樹氷祭りなどの行われる時期で、まだ雪や氷の季節の只中にある。

立春は、旧暦の一月一日頃にあたる。日本では新暦の正月が一般的だが、中国では春節、ベトナムでは「テト・グェン・タン」と呼ぶ旧正月を祝う。稲荷神社の初午大祭は立春の最初の午の日に行われる社日の一つで、この日、稲の御神霊の稲荷童子がお降りになる。午は南の方位を示し、午の時刻には太陽は最も輝く位置にある。それ故、新春の最初の午の日に、農耕民族として、豊穣をもたらす太陽を祝福し、吉祥縁起を願うのであろう。天平勝宝８(756) 年の具注暦には、正月の十日（起土）、十一日（塞穴）、十三日（起土、斬草）など、田植えに備えたその年最初の農耕作業の吉日が記されていて、奈良時代から立春は農耕作業の起点であった。さらに、「八十八夜」

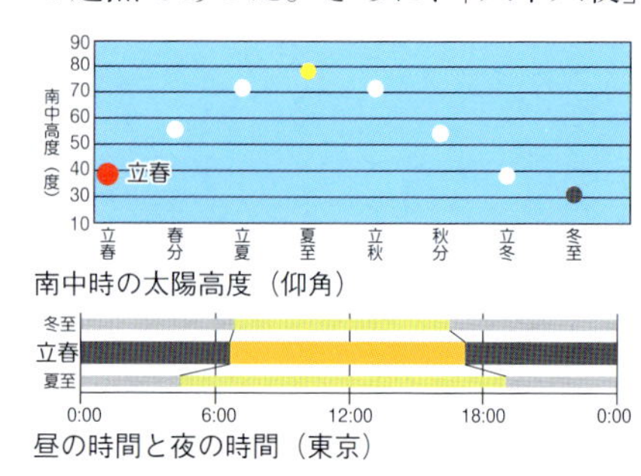

南中時の太陽高度（仰角）

昼の時間と夜の時間（東京）

写真①－2

「二百十日」などの雑節を起算する日としても立春は重要な時点である。これらの雑節は、日本人の農業体験の積み重ねの中から、農事上大切な節目として生まれた暦日である。

写真①－3

写真①－4

「ひなどりの羽根ととのはぬ余寒かな」
（室生犀星）

立春が過ぎても、なお「余寒」や「春寒」の日が繰り返し、時に「冴え返る」寒い日も訪れる。しかし、昼間の時間の最も短い冬至から1ヶ月を過ぎており、俄に強まった日射しと日ごとに伸びる日脚に「光の春」を感じるようになる。そして東京の2月中旬の晴天日の日射量は、12月の1.7倍にも増加し、昼間の時間は1時間以上も長くなっている。

「春来れば路傍の石も光あり」
（高浜虚子）

平均気温が上昇に転じる日は、東京が2月4日、大阪が2月5日となっていて、確かに立春付近で寒さの底に別れを告げ、「気温の春」が訪れるのは確かである。それはわずか0.1℃ほどの上昇に過ぎないが、それとなく微かな温もりを感じる、「気配の春」が嬉しい「浅春」である。

「春浅し空また月をそだてそめ」
（久保田万太郎）

厳しい寒さがようやく収まるこの季節の変わり目を人以上に敏感に察知するのは野や山の生きものたち。気温や日長の変化に敏感に反応し、木々の冬芽は越冬から目覚め、小鳥は恋の歌を奏で始める。木の芽の休眠打破は寒の低温に晒されることで起こり、立春以降の気温上昇で成長し、ふっくらと丸味を帯びてくる。一方、鳥類は、日長が長くなることで甲状腺ホルモンを活性化する酵素の遺伝子が活発に働いて、大量の酵素をつくる。この酵素によって甲状腺ホルモンが活性化され、生殖器の発達を促し、繁殖活動が活発になるのである。中世ヨーロッパでは、2月14日（バレンタインデー）は、すべての鳥がつがいを選ぶためにやってくる日だったとか。立春を迎えると、国を問わず生きものに春が訪れるらしいが、それは日長のいたずら？

写真①－5

立春の七十二候

初候「東風解凍（とうふうこおりをとく）」春の風（東風）が氷を解かす　・新暦：２月４日～８日頃

写真①－６

東から吹く風が氷を解かし始める頃。北国から流氷の便りが届く。

東風とは春風のことだが、菅原道真の住む京都の２月は、60％以上が北か西寄りの風で、東風はわずか７～８％に過ぎない。陰陽五行説では春は東の方位とされ、春は東からやって来る。京都のウメの開花日の平年値は２月21日だから、もちろん時節的にその香りが西の太宰府まで漂ってくることはない。

次候「黄鶯睍睆（こうおうけんかんす）」ウグイスが鳴き始める　・新暦：２月９日～13日頃

写真①－７

ウグイスが美しく鳴き始める頃である。黄鶯はコウライウグイスのことで、睍睆は「みめのよいこと」。伊豆大島では、この頃初鳴きが聞かれるというが、東京のウグイスの初鳴きの平年値は３月５日で、「ホーホケキョ」の囀りが聞かれるのはひと月程後になる。

冴えない体色だが、澄み渡る純音の美声はより遠くまで響く。繁殖初期の囀りは１日2,000回以上で、求愛やオスに向けた縄張り宣言の囀りは一羽ごとに異なり、よそ者や隣人を区別する。繁殖期を過ぎると「チャッ、チャッ」の笹鳴きに戻る。「ケキョケキョケキョ……」と鳴くのは接近者への警戒音で、これが「鶯の谷渡り」である。

コマドリ、オオルリとともに三名鳥として室町時代から飼われ、江戸時代には鳴き声を競う「鶯合（うぐいすあわせ）」が盛んだった。しかし、昭和25年以降は野鳥の飼育が許可制となっている。

末候「魚氷上（うおこおりにのぼる）」魚が割れた氷から飛び出す　・新暦：２月14日～18日頃

写真①－８

春の兆しで割れた氷の隙間から魚が飛び躍る頃である。大気ばかりでなく、水中にも春の兆しが起こり始めるのである。

秋から始まるワカサギ釣りは、氷上での「穴釣り」がシーズン真っ盛りで、色とりどりの釣り人のテントが並ぶ。平成23年、群馬県高崎市の榛名湖の穴釣りは前々年、前年と氷の厚さが不十分で中止となったため、３年ぶりの解禁となった。気候の温暖化はこんなところにも影響を及ぼしている。

再起の白い花

写真①－9

「春立つ」とはいえ、なお漂う寒気。その冷気を押し除けるように輝き始める朝の光。その微かな温もりに、ウメの花弁が白磁に負けぬ白さを放ち、綻んでゆく。

「佳き白に生まれかはりて春の宴」
（雨乃すすき）

新しい年の誓いも次第に薄れる頃、マンサクの花に負けじと、春に先駆けて咲く真新しい純白の花びらを見る時、またしても三日坊主で終わってしまった日記、居間の片隅に放りっぱなしのままの英会話のテキスト、栞を挟んだままの長編小説のことなどをはたと思い出す人もあるだろう。浅春の清々しい光に、真っ白に輝くその凛とした花は、挫けそうな気持ちを再び奮い立たせるに十分な白さで、再起の念を呼び覚ましてくれる花である。

立春の七十二候の初候は「東風凍を解く」。東から吹く春風が氷を解かし始め、堅いウメの蕾も綻ぶ。「東風吹かばにほひおこせよ梅の花　あるじなしとて春な忘れそ」と詠んだのは「飛び梅」伝説の菅原道真。その人の死後の魂は怨念となり、讒言の張本人の藤原時平を呪い殺した。思えば、これほどまでにウメに再起を念じた人もいなかったのかもしれない。

ウメの開花日の平年値は那覇が１月15日、鹿児島が１月31日、大阪が２月10日、名古屋が２月２日、東京が１月26日、仙台が２月27日、札幌が５月１日で、南から北へと４ヶ月をかけて咲き進む。

蠱惑（こわく）する魔女の花

「早春、どの花よりも“まず咲く”からマンサク」という名の由来はよく知られているが、ほかに、黄金色の花が枝一杯に「満ち咲く」からとか、その様子が豊年満作を連想させるから「満作」となったなどの説がある。いずれにせよ、木々が裸木のままで、なお冬を引きずる早春の山間に、鮮やかな黄色の花は、春を待ちわびた人に、喜びに溢れる季節の確かな到来を感じさせてくれる。

黄色の塊となって咲く花に近づいて、じっくりと観てみよう。「花弁は切り紙細工のように細長く、その上、金髪のパーマを思わせるように縮れている。…黄金の衣を着た小人の踊りでも見ているようでとても美しい。黄金花咲く豊年満作の踊りとは、まさにこのことであろう」と、この花を子細に観察し、豊かな詩才で花の特徴を記した本田正次という植物学者もあった。

写真①－10

この花は、海を渡ればWitch Hazel。Witchは「女魔法使い」「蠱惑する女」「鬼婆」などの意で、Hazelは「ハシバミ（榛）」のこと。黄金の衣で豊年満作の踊りを舞う小人たちは、異国に行けば、美しい姿で蠱惑する魔女に姿を変えられてしまう。

木々がまだ眠りの森で、目映い黄金の花が、裸木の枝に群れ咲くのは、やはり魔性であろう。まどろみの最中の木々たちが、小人の豊年踊りの賑やかな笛や太鼓の音や、魔女の蠱惑の囁きに、次々に目を覚ますのも、もう間近である。

立春寒波

早春は冬型の気圧配置が長続きしないから、低気圧が日本付近にしばしば現れる。この発達した低気圧が南岸を進むと、寒い北風が日本の太平洋側にも吹き込んで来る。さらに、日本沿岸の海水温が最も低くなる時期でもあり、真冬に後戻りさせるような「寒の戻り」や「冴え返る」日になるのである。

写真①－11

西高東低の冬型の気圧配置となる平均日数は１月は14日で月の約半分、そして２月になっても10日と、月の３分の１は依然冬が居残ったままだ。また、低気圧が去った後にシベリア付近で発生した冷たい空気の高気圧がやって来ると、地面の熱が上空に逃げることで冷え込みが進み、しみ返る寒さの日になるのである。

写真①－12

寒の戻りの得異日は、４月６日、18日、23日といわれ、中でも４月６日に起きる確率が高い。晩春であっても、太平洋側で思わぬ大雪になるから、立春の頃はまだ「春は名のみ」。２歩前進、１歩後退しながら本格的な春になってゆく。

浅春（せんしゅん）のランデブー

写真①－13

イースターの日取りは、春分以降の最初の満月の日（３月22日から４月25日）の日曜日である。その前の40日間が四旬節で、肉を断ち、禁欲と懺悔の日々を送る。この四旬節に先立つ３日間が謝肉祭である。この祭りはリオのカーニバルが最も有名だが、19世紀にはフランスでも、この日のために一年を働くというほど盛んだった。初春の頃にあたる謝肉祭の最終日のマルディ・グラの日は、仮装した男女が熱狂し、即席のカップルが誕生したという。

写真①－14

写真①－15

「頬白の囁き合へる枯葎」

（雨乃すすき）

なお枯れ草の浅春の野に甘い野鳥の囀りが響くようになり、こちらのカップルもまたお熱い。傍らに付き添うメスに、口移しで餌を差し出すムクドリやハシボソガラスのオスの姿がある。池ではオカヨシガモがペアで仲良く半身を潜水させて採餌している。空を見上げればゆっくり旋回しながらランデブー飛翔するミサゴが。バレンタインデーの頃は、人も野鳥も恋に火が付く季節のようである。

はだれ

写真①－16

雪深い地方では、３～５ヶ月も降った雪が「根雪」となって残る。その根雪は「寝雪」が正しいという人もあるらしい。とにかく、北国では春まで雪が厚く積もったまま残る。日本で開催された冬季オリンピックは、札幌が昭和47年２月３日～13日、長野が平成10年２月７日～22日と、いずれも立春の頃に行われたが、雪国の２月はやはり積雪の多い時期なのである。しかし、冬に温暖な太平洋側では、たまに雪が降ってもその日のうちに解け、幾日も積もって残ることは稀である。時には北側や山陰に解けずに残った雪が斑雪となることもある。斑雪は「はだれ」と読み、「はだれ雪」を略したもので、俳句の春の季語となっている。「まだら」「まばら」「はだら」はどれも「はだれ」と同意だが、斑雪の表す意には様々あるようだ。一つは「うっすらと積もった春の雪」のこと。もう一つは、「降った雪が解けてあちこちに斑状に残った春の情景」。さらに、北陸地方では、はらはらと散る雪を「はだれ雪」と呼ぶそうだ。

「斑雪山」「斑雪嶺」もある。これは遠くの山肌に残る残雪の情景で、その山腹に「雪形」を望む山もあるだろう。少し近景となれば、「はだれ野」がある。

「斑雪凍つ」は、はだれ雪が「寒の戻り」で凍りついた様だろう。「雪間」「影雪」などは、解け残った春の雪やその解ける過程を表す語である。いずれも、日本人の自然を見る目の確かさや豊かな自然感を示す言葉の数々である。

ツバキは鳥媒花

東京のツバキの開花日の平年値は２月５日となっている。まさに立春の花といえるだろう。国字の「椿」は、「春に花の咲く木」の意だが、漢字ではセンダン科のチャンチン（香椿）という全く別種の植物である。現代中国語では、ツバキには「山茶」をあてている。

ツバキの開花の平年値は、仙台が３月10日、名古屋が２月21日、大阪が２月２日、福岡が１月30日などとなっていて、いずれの場所でも昆虫が本格的に活動する時期にはまだ早過ぎる。では、花粉の媒介はどうしてするのかと心配になるのだが、実はメジロやヒヨドリなどの野鳥がその役を担っている。ツバキは日本では数少ない、野鳥によって花粉が媒介される鳥媒花だ。

ハチドリに代表される花蜜食の野鳥は、舌の先がブラシ状に細く裂ける特徴がある。中には舌が管上になっている種や、舌が嘴（くちばし）より長く伸びて、花の奥の蜜をうまく吸える形態をしている種もある。さらに、花の形態に合わせて嘴が湾曲している種もいるが、メジロやヒヨドリは昆虫なども餌にしていて、花の蜜だけが頼りではないから、舌の先端がブラシ状になるだけで、花蜜食に特化した形態はしていない。

写真①－17

東北から北陸の日本海側の多雪地帯にはユキツバキが自生する。本州以南の照葉樹林の、特に海岸部に多いヤブツバキと、このユキツバキが接近して生育している地域では、メジロなどによる自然交配によって、中間種のユキバタツバキが見られる。昆虫より移動距離の長い鳥類のなせる技であろうか。

② 雨水（うすい）　雪や氷が解け、雪に変わり雨が降る

・新暦：２月19日～３月５日頃　・旧暦：正月　・和風月名：睦月

写真②－1

雨水は新暦の２月18日か19日頃で、太陽の黄経が330度を通過する日で、立春から数えて15日目にあたる。雨水は、冬の間降り積もった雪や氷が東風により解け出し、雪に変わり雨が降り出す頃で、一雨ごとに春めくのを感じるようになる。しとしとと降るいくらか温かみを帯びた雨水が草木を濡らし、花蕾や葉芽の発育を促す。枯れ色の草木が次第に芽吹き始め、里山の風景がいきいきとした色を取り戻していく。

確かに雨水の頃になると、太平洋側では雨日数が雪日数の２倍を超えるようになる。しかし、北海道ではまだ１割にも達せず、金沢、松江でようやく同数となり、雪国ではなお雪の日が多い。しかし、気温は徐々に高くなるので、北国でも、ようやく積雪量はピークとなる。

東京の元日の昼間の時間は９時間48分だが、雨水には11時間２分と１時間以上も増加する。ぐっと輝きを増した陽光に、風に揺らぐ景色がまぶしい「風光る」季節となる。

日脚の伸びだけでなく、日射しに一層力強さを感じられるようになる。日当たりの畦に手を置いてみれば、頬をよぎる空気は冷たいのに、地面から漂う空気が意外に暖かいのに驚く。陽の

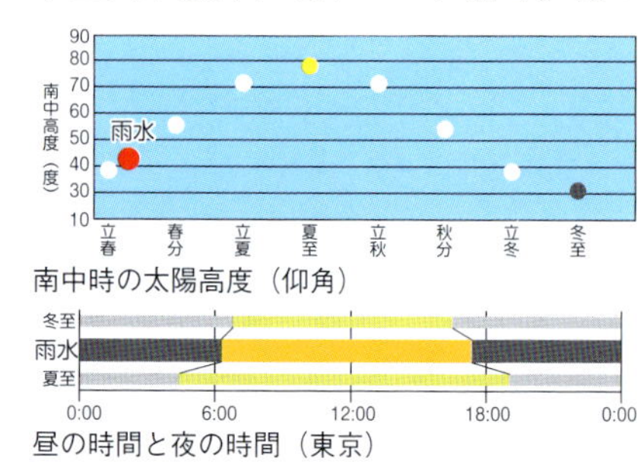

南中時の太陽高度（仰角）

昼の時間と夜の時間（東京）

写真②－2

光は既に地温を上昇させるほど強くなっていて、地面から陽炎が立ち始める頃でもある。風の弱い晴れ間、陽光が物体にあたると表面温度が上がり、その付近の大気も暖められ、密度の小さくなった大気は浮力で上昇する。暖まった大気と周りの冷たい大気は混ざり合い、密度の異なる大気の渦が起こる。この粗密な大気を通る光が屈折し、物体がゆらいで見えるのである。それで、地温と大気温との温度差が相対的に大きい初春の頃は、陽炎が発生しやすいのである。

「陽炎の物みな風の光かな」

（暁台）

写真②－3

写真②－4

「東は春紅梅に金の蕊」（雨乃すすき）

山にはマンサクが開花し、里ではそろそろウメの香が漂う。ウメの開花は、太平洋側の暖かい地方では１月中旬頃から始まり、２月に入れば関東、東海、近畿などで咲き始める。寒冷地では、東北地方が２月中旬頃から４月下旬、北海道ではサクラにやや遅れて５月に入ってからの開花となる。満開までの期間は、関東以西では咲き始めてから15～20日程、東北地方では10日程である。

野焼きの光景を見ることが多い２月の里山。田越しなどの本格的な農作業に備え、殺伐とした雪解けの枯れ野に火が放たれる。草むらで越冬していた害虫が目覚める啓蟄の前の初春の頃は、害虫駆除を兼ねた野焼きの適期なのだろう。そして焼き払われた枯れ野は瞬く間に清々しい末黒野（すぐろの）に変貌し、冬の名残が消え失せる。

写真②－5

低気圧が日本海を北東に進む日、南風が強風や竜巻を起こし、暖かな「春一番」となって吹き荒れる。春一番は、立春から春分の間に日本海で低気圧が発達し、東南東から西南西の８m/s 以上の強風が初めて吹いて気温が上昇する現象を言う。東京の最も早い記録は２月５日（昭和63年）、最も遅い記録が３月20日（昭和47年）で、平均すると２月27日前後に記録されている。浅春は寒の戻りや南風の吹き荒れる日を幾度か繰り返し、確実に仲春へと進んでゆく。

雨水の七十二候

初候「土脈潤起（つちのしょううるおいおこる）」土が雨で湿り気を帯びる　・新暦：２月19日～23日頃

写真②－６

雨が降って、土が少しずつ湿り気を帯び始める時節である。寒風にカラカラに乾き、固く凍りついた大地は、春暖の気と雨水の潤いを得て、次第に解け潤ってゆく。土が柔らかくしっとりとなった田や畑に、やがて起耕作業の機械の音が響くようになるだろう。

「凍解のはじまる土のにぎやかに」（長谷川素逝）

凍てつく大地が春の温みで溶け始める「凍解（いでどけ）」や「凍ゆるむ」は仲春の季語である。土ばかりか、なぜか水までもが湿り気を帯びて見える。

次候「霞始靆（かすみはじめてたなびく）」霞がたなびき始める　・新暦：２月24日～28日（平年）頃

写真②－７

霞がたなびき始める時節である。旧暦の正月の異名に「霞初月」がある。湿り気を帯びた南風が水蒸気となって山野にたちこめる霞は様々。深くて濃い八重霞、濃く薄くまだらな叢霞、日の光で紅色を帯びた紅の霞。さらには、海のように霞が広がれば霞の海や霞の沖となり、はたまた霞の浪にもなる。

「ほのぼのと春こそ空に来にけらし　天の香具山霞たなびく」と、後鳥羽院は春の到来を告げる春霞を詠むが、大気汚染やスギの花粉が霞のように広がることもある。こちらは情感に欠ける霞である。

末候「草木萌動（そうもくきざしうごく）」草木が芽を吹き始める　・新暦：３月１日～５日頃

写真②－８

草や木が芽を吹き始める時節のこと。雨水の頃の「木の芽雨」は植物の目覚めの誘い水となり、枯れ色の山野が次第次第に緑色に染められてゆく。

春の語源は、晴（はる）、万物が発（はる）などのほか、木の芽が張るの「はる」ともいわれる。英語の spring は「突然湧き出る」「跳ねる」を意味する古語の springan に由来するという。泉の水も、木の芽も、春は地上のものすべてが動き出す季節である。

「萌え」は草木の芽が出る様子を表現する語だが、若者言葉のそれはまるで異なる。アニメのキャラクターやアイドルなど恋愛対象になりえないものへの好意、傾倒、興奮など擬似恋愛のような感情を表すのだという。

芽の目覚め

秋に葉が落葉し、一度芽が休眠状態になれば、高温や長日条件でも芽の休眠は破られない。休眠中の芽が覚醒するためには、数日から数ヶ月の一定期間、0～10℃程の低温に晒される必要がある。

寒で目覚めたその深い眠りは、雨水の雨にさらに揺り起こされる。枯死したかのようだった木々は、慈雨に濡れるたびに、見る見る艶やかさを取り戻す。枝先の冬芽は今にも弾けそうに膨らみ、ついに冬の間、寒さや乾燥から冬芽を守った芽鱗のコートを脱ぎ捨てる。

冬芽をじっくり観てみよう。芽鱗の割れたその奥から、若い芽が春の気配をのぞき見している。芽鱗を脱いだ裸芽は、縮まっていた葉を、獣の角のように伸ばし始める。それは、サル、トナカイ、鬼の子のようにも見えて愛らしい。覚醒した冬芽が驚くほど急激に成長し、不思議な、そして個性の際だった姿で楽しませてくれるだろう。早春の冬芽は、見るべきものがまだまだ少ない浅春の里山で、自然観察の素敵なお相手になってくれるはずだ。

写真②－9

春一番と竹の春

写真②－10

「春一番」と聞くと、寒い季節ともやっとお別れ、“いよいよ暖かな心地よい春風が吹く季節だぁー”と伸びやかな気分になり、キャンディーズの歌のメロディーを思わず口ずさむ人もあるだろう。

ところが、春一番は海難、山の遭難、大火災を招く「春一」や「からし花おとし」とも呼ばれる春の大嵐の先駆けのことである。元々は能登や志摩、壱岐、瀬戸などの漁師言葉で、冬が終わる頃は強風が吹き荒れるから、海の仕事は警戒して作業するように戒めたのである。大荒れの本意は、いつの間にやら、優しい春風へと変貌してしまったようだが、鼻歌を歌いながらウキウキした気持ちになっては拙いのである。

春一番が多いのは２月22日頃。それから２週間後くらいに春二番が吹き、春三番、春四番と続く。春三番に花が咲き、春四番に花が散るとも言われ、春四番の頃は春本番となっているだろう。

写真は春一番、「竹の秋風」に揉まれる「竹の秋」。竹は、春に筍が生長すると養分を取られた葉は衰弱して、落葉樹の秋の紅葉のように黄色く変色する。それで、竹のもみじは晩春の季語である。また、「竹落葉」は夏の季語で竹の葉が落葉する様子をいう。そして、秋は葉が青々と茂り「竹の春」となる。そして、陰暦三月の異名は竹秋。

梅と鶯は擦れ違い

写真②－11

「梅に鶯」は、「牡丹に蝶」や「紅葉に鹿」などとともに植物と動物との定番の取り合わせである。

しかし、ボタンの花で蝶が蜜を吸っている姿を見た人が果たして何人いるだろうか。紅葉を踏み分けて歩く鹿の姿に出会った人はもっと稀だろう。ボタンの花はほとんど香らないし、蜜を出して昆虫を呼ぶ仕組みもない。昆虫を誘うのは真っ黄色の巨大な花心。花心には大量の花粉があって、花粉食のハナムグリなどの昆虫がやって来て、蕊（しべ）に潜りモゾモゾしている間に受粉をしてもらうのである。ボタンはそもそも花蜜を持たないのだから、蝶が集まるはずもない。鹿にしても、林内が住処で、人目を避けるように暮らしている。林縁などの笹や採餌に来た群をたまに見るのが関の山だ。鹿は本来、人前に無防備に姿を晒す動物ではないから、散り紅葉の降り積もる林の中を優雅に歩く姿を見るなんて、幸運中の幸運としか言いようがない。

「梅に鶯」も同様、日本画などの意匠として数多く描かれるから、それが当然の生態であるかのように脳裏に刷り込まれている。しかし、梅の花の咲く枝先に止まるウグイスを一体、どれくらいの人が見ただろうか？

ウグイスは繁殖期以外のほとんどの時期は、笹原や低木の枝の中などの薄暗い所に潜んで暮らしている。たまに藪の奥深くを行き来する鳥影を見る程度で、せいぜい「チャッ、チャッ」という笹鳴きを聞くくらいのものだ。関東以西の地域で、しどろもどろの初鳴きが聞かれ始めるのは啓蟄を過ぎたあたりである。雨水の頃は短い地鳴きが聞こえるだけで、姿を人目にさらすことはほとんどない。高い木の枝や梢などに止まり「ホーホケキョ」とようやく美声で盛んに囀り出すのは、ウメの盛りが過ぎた頃。梅と鶯はすれ違いというのが関東以西の地域の実態だろう。

日本の「梅に鶯」の伝統は、どうやら中国からの移入文化のようである。中国の古い漢詩「梅花密処蔵嬌鶯」に発想した、葛野王の漢詩集『懐風藻』の「素梅素靨を開き　嬌鶯嬌声を弄ぶ」から、梅に鶯は詩のモチーフとして、万葉集をはじめとした和歌などに数多く登場するようになる。しかも、元となった中国の鶯はコウライウグイスであって、日本のウグイスとは色彩も異なる別ものである。

日本人に最も馴染みの光景は、むしろ「梅にメジロ」ではないのだろうか。今を盛りのウメの花にまみれて、枝から枝へと飛び移るこの鳥の何と鮮やかなことか。これこそ鶯色。コウライウグイスは、薄汚れた灰褐色のウグイスの羽色ではなく、濃い黄緑色のメジロの羽色そのものだ。そう、我が国の古代の詩人たちは、ウメの蜜に集まるメジロを鶯と見なしたのに違いない。唐の文化をこぞって模倣した人たちは、頬を花粉で黄色に染め、満開のウメの花に群れ集う鳥を、メジロと知ってか知らずか、ウグイス以外の何者にも見えなかったとすれば、「梅に鶯」のすれ違いも納得できるのである。

写真②－12

飛行機雲

写真②－13

幾筋もの飛行機雲が広がっていた。雪や雨の日が続き、大気中の水分濃度が高くなっているらしい。高気圧が張り出し、放射冷却によって気温が低くなり、上空が雲の出来やすい状態になったのだろう。空に描かれた飛行機雲のこの無数の帯は、まだ冬の寒さを残すが、大気は湿っぽい雨水の時期ならではの風景である。

飛行機のエンジンの排気ガスによって飛行機雲が出来るのは言うまでもない。気温は、高度が100m上昇するごとに0.6℃程下がるから、高度10,000mを飛ぶ飛行機の周りの気温は、地上に比べて60℃も低いことになる。飛行機の排気ガスの温度は500℃前後もある高温なので、排気ガス中の水分が冷え切った大気で急に冷やされ白い雲になる。上空の冷え切った大気に、雨水の湿った空気を吸い込んだターボエンジンから出る排気ガスは、いつにも増して飛行機雲を作りやすいだろう。

写真②－14

飛行機雲は翼などの後ろに空気の渦が出来、その周辺の気圧と気温が下がり、水分が冷却されて発生する場合もあるが、湿度が高く冷え切った雨水の大気は、飛行機雲を発生させる条件にかなっていることだろう。

野を焼く少年の昂り

野の草が芽吹き始めるのももう間もなくという雨水の頃、晴れ間が続いて枯れ草がすっかり乾ききった頃合いを見計らって、畦や草原に火が放たれる。赤い炎は、立ち上る灰色の煙を従えながら、地を舐めるように風下に向かって広がり、灰褐色の枯れ野を見る間に黒々とした焼野原に変貌させてゆく。

虚しく蕭然とした枯れ野は、メランコリーで詩的な趣に満ちているが、どこか貧相である。しかし、そのくたびれ果てたような古草が勢いよく燃えさかり、一瞬にして漆黒の世界が出現するのを見ていると、鬱々とした季節を一気に吹き払ってくれるようで、爽快な心持ちになってくる。

写真②－15

安東次男は『花づとめ』の中で、「野や山を焼きに行った。…春立つ気配を拱手してただ待っているのが厭だったのである」と、雪の降った節分の翌日（立春に）、枯れ草や枯れ木が濡れて燃えるはずがないと家人に笑われながらも、春を先取りしたくて野を焼きに出た少年の頃の心情を、その詩論集に書いている。屍のような枯れ草を焼く行為は、あらゆる過去を見事に清算し、新たな希望を奮い立たせてくれるものなのかもしれない。

春雨のそぼ降る「末黒野」に立ってみた。焼け跡は雨にたっぷりと濡れて、一層黒々となり、地をしっかりと包んでいた。野焼きの赤い炎の幻影も、灰となって吹き上がる枯れ草の断片も、すべては雨水もろとも地の中に染みわたり、目覚めたばかりの草木の芽にいきわたる。少年を昂らせた炎の残像すら、もうそこにはなかった。

③ 啓蟄　虫が目覚め動き出す

新暦：３月６日～３月20日頃　・旧暦：二月　・和風月名：如月

写真③－１

啓蟄は新暦の３月５日か６日頃で、太陽の黄経が345度を通過する日である。立春からひと月を過ぎ、日脚がかなり伸びている。寒さの底をようやく抜け、気温はやっと上昇に転じ始める。春の遅い中部の山奥でも、氷点下の日は去り、ようやく雪解けの季節を迎える。土中に身を潜めて越冬していたカエル、トカゲ、昆虫などの蟄（すごもりむし）が、春の気配に目を覚まし、土の戸を啓（ひら）き這い出てくる頃だ。

「奥嶽も啓蟄となる宙の澄み」

（飯田蛇笏）

日平均気温が10℃以上になれば気の早い小動物が活動を始め、穏やかに晴れた日には越冬から目覚めたチョウがタンポポで吸蜜したり、翅を広げて日光浴をする姿も見られる。しかし、啓蟄の頃に野外で虫の姿を見かける機会はまだまだ少ない。だだ、近年の温暖化は虫たちの目覚めを早めているのは確かで、１月のうちに羽化したモンシロチョウが飛んだり、冬田の畦で日光浴をするシマヘビに出会ったりして驚かされることもある。

古くは、春雷がひと際大きく鳴り響く頃で、その音に虫が驚き目を覚ますのだとも信じられ、その雷を「虫出しの雷」と呼ぶ所もあった。しかし、こ

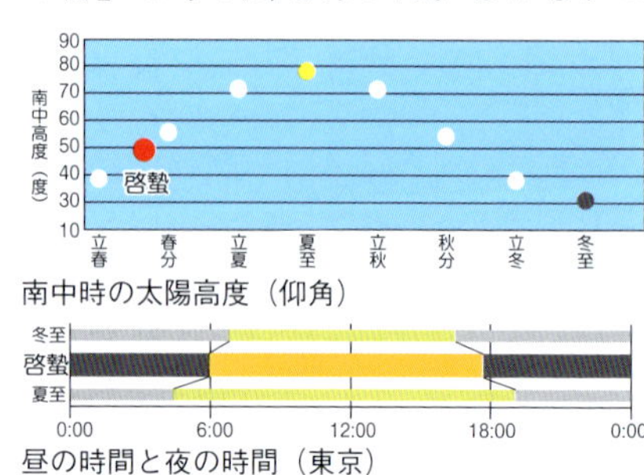

南中時の太陽高度（仰角）

昼の時間と夜の時間（東京）

の時期は上空の寒気も弱まることから、統計的には一年で最も落雷日数の少ない時期である。長い冬の間、雷の音も絶えていたから、久々の仲春の雷鳴が新鮮に聞こえるということなのだろう。

写真③－２

動き出すのは地中の虫ばかりではない。上空に黄褐色の微塵が飛び交う季節だ。一つは、中国大陸から押し寄せる黄砂。内陸部のタクラマカン砂漠やゴビ砂漠の黄土高原から、雪解けとともに土壌や鉱物粒子などが強い風によって数千メートルの高度に巻き上げられ、偏西風に乗って日本に飛来する。もう一つはスギ花粉。九州や四国では２月の上旬から、関東では２月下旬、東北地方では３月に入ると飛散が始まる。啓蟄の頃から本格的な花粉の飛散シーズンとなり、５月末頃までスギ花粉症の人には辛い季節が続く。

写真③－３

写真③－４

衰えた冬の寒気団と南から勢力を伸ばしてきた春の暖気団とが、日本海付近で衝突して温帯低気圧が発達して起こるのが春嵐である。３月は寒流と暖流が入り乱れ、天気が安定しない季節でもある。

釈迦の入滅した日である涅槃（新暦の３月９日頃）の頃の西からの突風は「涅槃荒れ」や「貝寄風」で、柔らかに吹く西風は「涅槃西風」とも呼ばれる。またイギリスでは、３月の気象を「３月はライオンのように現れ、子羊のように去ってゆく」と表現する諺があるという。「春荒」「春疾風」など、この季節に台風並みの強風や突風に見舞われるのは日本ばかりではないようだ。

一方、中国大陸からの移動性高気圧に覆われる晴れの日も多くなる。雨の少ない大陸で発生した乾燥した空気が、この時期に頻発する山火事の原因ともなっている。さらに、春嵐の強風が延焼の原因となったり、鎮火を遅らせる原因ともなる。

啓蟄の七十二候

初候「蟄虫啓戸（ちっちゅうこをひらく）」冬ごもりの虫が土から出てくる　・新暦：３月６日～10日頃

写真③－５

土の中で冬ごもりしていた虫（小動物）が土の扉を開いて出てくる頃である。房総半島南部などの暖かな地方では、ニホンアマガエルの初鳴きが聞かれ始める。

身近な生きものの減少により、気象庁で行っている生物季節観測で、トノサマガエルの初見日を東京、名古屋、大阪などの気象台や測候所で観測項目から除外するようになり、さらに除外対象は増えそうだ。

次候「桃始笑（ももはじめてわらう）」桃の花が咲き始める　・新暦：３月11日～15日頃

写真③－６

春らしさが感じられるようになり、桃の花が咲き始める頃である。実際には、この頃開花しているのは九州南部までで、関東まで開花が進むのは４月になってからである。

桃の節句の頃に花屋の店先に置かれているのは果実用の品種とは別のハナモモで、温室で促成開花させて出荷したものだ。端午の節句や七夕などの五節句は、旧暦の日取りを新暦にそのままあてて行うので、ひと月ほど季節が前倒しされている。

末候「菜虫化蝶（なむしちょうとなる）」モンシロチョウの幼虫が羽化する　・新暦：３月16日～20日頃

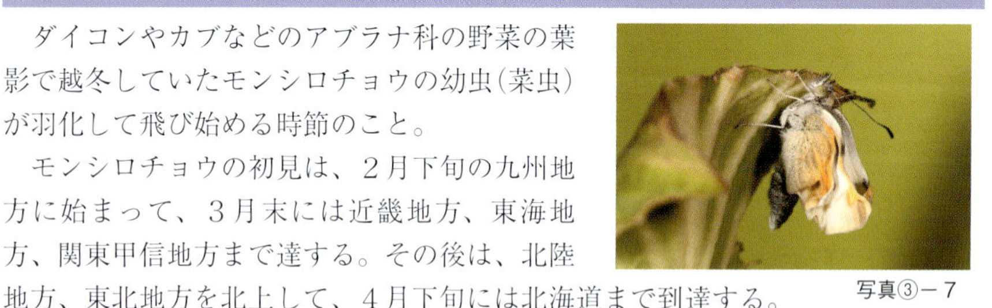
写真③－７

ダイコンやカブなどのアブラナ科の野菜の葉影で越冬していたモンシロチョウの幼虫（菜虫）が羽化して飛び始める時節のこと。

モンシロチョウの初見は、２月下旬の九州地方に始まって、３月末には近畿地方、東海地方、関東甲信地方まで達する。その後は、北陸地方、東北地方を北上して、４月下旬には北海道まで到達する。

チョウ類は、卵、幼虫、蛹、成虫のどの発育ステージで越冬するかが決まっている。しかし、冬季も温暖な地方では越冬態が明確でなく、複数のステージで越冬することもある。本来は蛹で越冬するモンシロチョウだが、近年、真冬の暖かな日に、キャベツの葉を囓る幼虫が観察されるようになった。さらに、正月早々にキャベツ畑の上を飛ぶ成虫の姿を見て驚かされる。蛹以外のステージで越冬するようになったのは、冬季の温暖化傾向などの気象変動が影響しているかもしれない。

土の戸を啓く

写真③－8

「飛び込むに少し間のあり初蛙」
（雨乃すすき）

啓蟄は、土の中で越冬しているカエルや昆虫などの小動物が、春の気配で目を覚まし、土の戸を啓いて這い出てくる頃。ではどのようにして、春の訪れを感知するのだろう。

動物や昆虫の休眠には、ある特別なタンパク質やホルモンが関わっている。ある刺激でその物質の量が変化することで、休眠を誘発したり、覚醒させたりする。いずれにせよ、これらの物質の生成や分泌を制御するのは、日長や気温などの外的な環境変化である。日長の季節的変化（光周期）は、年によって変動することはなく、正確に1年周期で変化するから、光周性は、休眠開始のシグナルとして作用する確実性（正確性）を備えている。光周性は、生きものが季節を知るのに最も信頼性の高い信号だと言われている。

写真③－9

日長の変化で休眠が誘引されたり、覚醒されたりする生物は少なくないが、暗い土の中でも微かな光周期の変化をキャッチしているのだろうか。晩秋の冬眠開始は日長が関わるとしても、土の中は光の影響を受けないはずだから、春の目覚めは日長が主因とは考え難い。では、温度の上昇なのだろうか。それなら、冬やまだ雪の残る早春でも、一時的に高温になることもある。この時休眠を解除してしまえば、再び低温に晒されてしまう。だから、単に気温の上昇だけで虫たちを地中から這い出させることはないはずだ。

写真③－10

写真③－11

分子生物学的な研究とは別に、カマキリの卵と積雪の関係を酒井興喜男（㉑「大雪」参照）は、地中の超低周波センサーを使った実験で、啓蟄の頃になると地中の振動が突然大きくなることを突き止めた。その地中の大きな振動が目覚まし時計となって、虫たちの目を覚ますのだと推論した。啓蟄を生化学の緻密な解析で解明するのもすばらしいが、「もう春だよ。早く起きなさい！」と振動の母に揺り起こされるのだという、何とも土臭い理由のほうが、土の中で繰り広げられるミステリーの結末としてはおもしろい。

啓蟄の侯に、越冬していた様々な生きものが土の目覚まし時計で本当に起き出すのだろうか。筆者の平成19（2007）年のノートの記録から拾ってみる。

ナナホシテントウ（3月7日）、ミシシッピアカミミガメ（3月7日）、ニホントカゲ（3月11日）、キタキチョウ（3月11日）、ニホンカナヘビ（3月11日）…。土の中や物陰で蟄居していたテントウムシ、カメ、トカゲたちは、私のフィールドでも啓蟄の訪れとともに目を覚ましている。土の目覚まし時計は、間違いなくここでも鳴ってくれているようだ。

春の雪

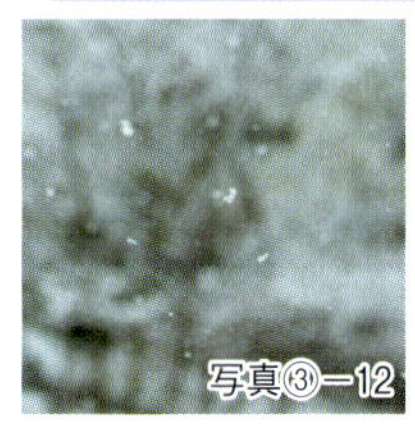
写真③－12

写真③－13

「春の雪」や「春雪」は言うまでもなく春に降る雪だが、北海道や東北などの北地では11月から４月まで、長期にわたって雪が降り続く。

一方、西日本の太平洋側では、冬晴れの日が多く、積もるほどの雪になるのは稀。この地方で本格的に雪が積もるのは、むしろ立春以降に多い。春になると、本州南岸を接近しながら進む低気圧（南岸低気圧）がやって来て、雨の降る日も訪れる。そこに、春になり衰えたはずの大陸の高気圧がぶり返し「寒の戻り」がやって来ると、上空の大気が急に冷やされ、「春の雨」は「春の雪」に変わってしまう。

３月15日（旧暦二月十五日）前後に行う涅槃会の頃に降る雪が「涅槃雪」。涅槃会は冬の終わりの節目の日だから、この頃以降の雪が「春の雪」にふさわしいだろう。西日本では、この頃の雪はその冬の降りじまいのことが多い。「名残の雪」「雪の名残」「雪の終」「忘れ雪」「雪の別れ」「雪の果て」「終雪」などと呼ぶ最後の雪だ。

「淡雪」も春の雪である。淡雪は真冬に比べずっと気温の高い時期に降るから、地面に落ちると早々に解け、降る間にも解けてなくなる束の間の儚い雪である。ともに春に降る雪には違いないが、春の雪は降る季節に重きがあり、淡雪は雪の降り方や形状を観ている。また、春の淡雪は、水分が多くべっとりとして解けやすく、結晶同士がくっつき、「牡丹雪」「綿雪」「太平（たびら）雪」などの大きな雪片になるのである。

詩的な響きに満ちた春の雪だが、この水っぽく重たい雪は、積もると庭木の枝を折り、農作物を押しつぶす。うっとりと眺めている間に、思わぬ雪害を招きかねない。

花粉飛散

写真③－14

例年、東京のスギ花粉の飛散は、２月半ばに始まり、５月上旬に収束する。仲春はそのピークで、初春から晩春、花粉症の人には憂鬱な日々が続く。

国民の約15％を悩ますスギ花粉症はアレルギー疾患の一種。アレルギーの元となるアレルゲン（スギ花粉）がマクロファージに取り込まれて異物と認識され、その情報でそれに特異的に反応する抗体が作られる。再びアレルゲンが侵入し、その抗体と結合すると、様々な化学伝達物質が作られて花粉症の症状が発症する仕組みだ。

日本最初の花粉症は、昭和36年のブタクサによる症例で、スギの花粉症は昭和38年に栃木県日光で確認された。花粉症は、工業からの排出ガスや自動車の排気ガスなどの大気汚染物質や、花粉を吸着しにくいコンクリートやアスファルトの舗装道路の増加によっても発症が拡大する。経済発展とともに花粉症は広がった。

花粉の飛散量は、雄花の花芽が形成されるその前年の夏の気温が関係する。前年の夏が高温であれば雄花の成長が促進され、花粉量が多くなる。逆に低温であれば成長が鈍くなり花粉量が少なくなる。スギ花粉症を鎮静化させるためには、花粉の飛散量減少が急務だが、温暖化傾向も花粉の飛散増加に加担しているようだ。さらには、国内の林業の衰退で、スギの放置林が増加し、スギ花粉の飛散は増える一方である。

温もりのマジック

啓蟄は動物ばかりか、植物も目覚めの季節である。雨水の慈雨をたっぷりと吸った冬芽がいよいよ芽吹く。ほんの少し前まで、まだ冬色のままに見えた里山の木々の枝先は、ほんのりと紅や淡緑に染まりだす。

一般的に、植物が芽吹き始めるのは、日平均気温が5.5～6℃になる頃で、これは東京の雨水から啓蟄の頃の平均気温である。木の芽時は、仲春の陽の温もりのマジックで明け始める。

写真③－15

写真③－16

「木の芽月」「小草生月」「萌揺月」はどれも如月の異名。草や木の芽が張り、芽吹き、萌え出す時を象徴する。里山を歩くと、林の際のノイバラの蔓から小葉が束になって伸び出し、早速小さなアブラムシが取り付いていた。半落葉のモチツツジは、濃い緑の越年葉の上に薄緑の若葉が芽吹いている。庭の木々を見れば、アジサイは展葉間近な気配。咲きかけのチューリップのように綻びかけている。ハクモクレンの花芽も、なごり雪に震える牡丹の若芽も、猛ダッシュで晩春の花の季節を迎えようとしている。

写真③－17

写真③－18

写真③－19

スプリング・エフェメラル

写真③－20

写真③－21

写真③－22

写真③－23

初春の里山に真っ先に花を咲かせるスプリング･エフェメラル(Spring ephemeral)。林床の枯れ葉を押しのけて咲く美しくも「儚い命」の春植物である。木々が芽吹く前のわずかな期間に、裸木の隙間から林床に届く光で光合成し、1年分の栄養を賄う。夏の訪れとともに地上部は枯れ、地下で来春まで過ごす。

間氷期の温暖化で照葉樹林が北上した時代、落葉広葉樹林に依存する氷河期の生物の春植物は、大木が倒れて出来たギャップや山火事の跡地に逃げ場を求めた。その生き残りが次に求めた生き場が里山林。灌木や落葉が刈敷として採取され、林床は常に明るく維持された。建築用材、燃料、榾木の目的で里山の木々は定期的に伐採されることで、照葉樹林への遷移が停滞し、コナラやクヌギなどの落葉広葉樹林が人為的に維持された。

一年中木々の葉に覆われる暗い樹林では、春の女神・ギフチョウの吸蜜源であるカタクリ、ショウジョウバカマなどの春植物は生育できない。幼虫の餌となるカンアオイ類も育たない。手入れの行き届いた里山の二次林の存続は、春植物やギフチョウに代表される氷河期の生き残り生物の存亡に関わっているのである。

④ 春分　立春から始まる春の中間点

・新暦：３月21日～４月４日頃　・旧暦：二月　・和風月名：如月

写真④－１

春分は新暦の３月21日頃で、太陽の黄経が０度（春分点）を通過する日である。春の彼岸の中日にあたる「春分の日」で、この日は太陽は真東から昇り、真西に沈み、昼夜の長さがほぼ等しい。この日を境に、昼間の時間はだんだんと長くなり、夜が短くなっていく。

「春分の日」は国民の祝日の一つで、「自然をたたえ、生物を慈しむ」ことを趣旨として制定された。春分の日を中心とする７日間が「春彼岸」で、秋彼岸と同じく、彼岸会の仏事が行われる。彼岸の語源は「日願」で、古い太陽信仰に由来するとの説もある。

多くの地方で、この頃には降雪や氷結もおさまり、「暑さ寒さも彼岸まで」と言われるとおりに、東京や大阪の彼岸の平均気温は10℃となり寒さも和らいでは来るが、子規の「毎年よ彼岸の入りに寒いのは」の句のとおりに、寒さがぶり返すこともある。待ちこがれた春だけに、一層「冴え返る」日は寒さが身に浸みるのであろう。

「冴え返り冴え返りつつ春なかば」
（西山泊雲）

冬から春にかけての最後に雪を観測した日が「終雪日」。東京都心の平年値は３月14日で、最も遅い記録は昭和44年の４月17日。イルカの「なごり

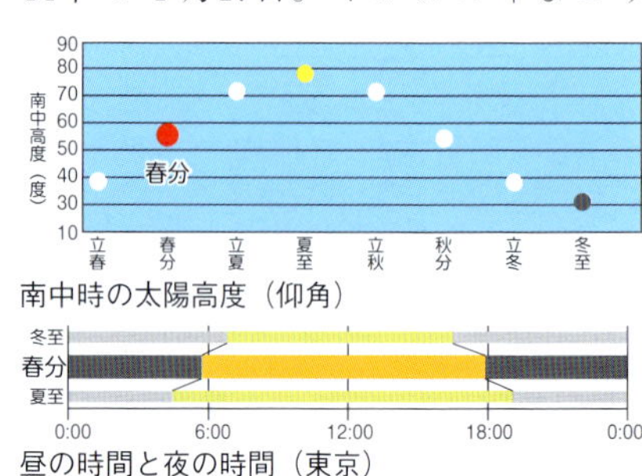

南中時の太陽高度（仰角）
昼の時間と夜の時間（東京）

写真④－2

雪」がヒットしたのは昭和49年。この年の３月27日、東京は７cmの積雪で、翌日まで雪の残る季節はずれの雪景色となった。そして、井伊直弼が暗殺される桜田門外の変が起きたのは安政７（1860）年の三月三日。新暦の３月24日で、江戸は時ならぬ桃の節句の大雪の日であったという。

春分または秋分の頃の朔（新月）、望（満月）の時、月と太陽とが同平面上に一直線に並ぶため、一年のうちで最も干満の差が大きくなる。これが「彼岸潮」で、特に春分の頃の潮を「春分潮」と呼ぶ。暖かな春風と春の光を浴びて、浜は潮干狩りを楽しむ人で賑わいを見せる。また、彼岸の大潮で直径20mにもなる鳴門海峡の渦潮を、観潮船で楽しむのも季節の風物詩となっている。

写真④－3

待ち望んだ桜狩りの季節がようやく到来する。九州から関東にかけての温暖な地方では、３月下旬からソメイヨ

写真④－4

写真④－5

シノの開花が始まる。それから後、桜前線は１日20kmのペースで北上し、東北の開花はそのひと月後となる。開花の予測方法には、元日からの平均気温の積算が600℃を超えると開花するとする「桜開花600℃説」があるが、気象庁では、休眠の打破の程度と気温に反応する花芽の成長速度を組み込んだ計算式をコンピュータで解析して予測している。

写真④－6

写真④－7

近年の温暖化は桜の開花を早めているようで、特に都市部ではヒートアイランド化も影響して、一層その傾向が強まりつつある。桜の開花日は、この50年間で4.2日早くなっており、さらに大都市に限れば6.1日も早まっているという気象庁の報告もある。また暖冬化により、花芽の休眠を覚ます低温がなかなか訪れないことから、九州のほうが東京よりも開花が遅いという、暖地での開花の遅延現象も起きている。

春分の七十二候

初候「雀始巣（すずめはじめてすくう）」スズメが巣をつくり始める　新暦：３月21日～25日頃

写真④－8

春らしさが増して、スズメの営巣が始まる頃である。かつては、人家の軒先の瓦の下で営巣するスズメの姿がよく見られたが、家の構造の変化で人家で営巣することは少なく、電柱の金属柱、道路の信号機、街灯の覆いなどで巣作りするようになった。

近年、都市を中心にスズメが数を減らしている。日本に生息するスズメは約1,800万羽と推定されているが、これは1960年代に比べ10分の１の数だという。原因は採餌環境の悪化。スズメの主な餌はイネなど植物の種だが、稲刈りの機械化により籾の落下が少なくなったこと、稲の作付面積の縮小、さらに空き地が減り、道路の舗装化で雑草地が減少したことにより、餌の絶対量が激減している。加えて、営巣場所をはじめ、都市で増加傾向のカラス類、ツミやチョウゲンボウなどの小型猛禽類による捕食圧の高まりなどが原因と考えられている。

次候「桜始開（さくらはじめてひらく）」桜の花が咲き始める　新暦：３月26日～30日頃

写真④－9

待ちかねた桜がようやく咲き、春本番が訪れる頃である。平成25年、東京のソメイヨシノの開花は３月16日で、福岡と宮崎の３月13日に次ぐ早い開花発表となった。平年より10日も早い記録は、都市熱も原因の一つだろう。

開花時期の早期化だけでなく、遅延現象も各地で起きている。桜の花芽の休眠は、一定期間の低温度が続くことで誘引されるが、秋の高温化によって休眠が遅れ、開花時期の乱れを引き起こしている。

末候「雷乃発声（らいすなわちこえをはっす）」春の雷が鳴り始める　新暦：３月31日～４月４日頃

写真④－10

「初雷や物に驚く病み上がり」（正岡子規）

遠雷が聞こえ始める頃である。立春以降に発生する雷が「春雷」で、立春以降の初めての雷が「初雷」である。啓蟄の頃の雷が「虫出しの雷」「虫出し」である。

夏の雷は、昼過ぎから夕方に多いが、春の雷は、寒冷前線が通過する時に生じる落雷だから、昼夜の別なく鳴り響き、激しい雨や雹を降らせることがある。

つくし尽くし

写真④－11

土からニョキリと生え出した茎の頂の胞子嚢穂が筆に似ているから「土筆」で、古くは「つくずくし」と呼んだ。出始めの丈の短いものは、カメの甲羅のように胞子嚢床ががっちり六角形になって集まる。日が経つと次第にその隙間が目立ってきて、その間から緑色の胞子が煙のように漂い出る。胞子を顕微鏡で観察すると、弾糸という４本の糸状の翼を広げ、これでタンポポの綿毛のように遠くへ飛ぶ。柳宗民は『雑草ノオト』に、胞子を手のひらに叩き落として息を吹きかけ、湿気を帯びた糸がチリチリと丸まるのを楽しむ子どもの遊びを紹介する。

「ツクシの袴」と呼ばれる部分は、小葉が輪状に合着したものである。葉とはいっても、一般の植物のように光合成はしない。花粉をすっかり飛ばした後は消えてしまうので、光合成をする必要はないのである。だが、花粉には葉緑素がある。花粉は舞い降りた先で発芽して、配偶体を作るからだろう。

ツクシは胞子で繁殖するから種子植物ではないが、さて何の仲間かといえば、研磨に使うトクサ（砥草）と同じトクサ科トクサ属のシダ類である。この属の植物体には無水ケイ酸をたくさん含むのでザラザラとした感触がある。

トクサは砥石の代用となる有用植物だ。だが、ツクシのほうは畑の厄介者。「つくし誰の子、すぎなの子」の遊び唄のとおり、胞子体のツクシと栄養体のスギナとは地下茎で繋がる一つの植物だ。地下茎は地中深くに縦横に広がる。地中に広がった地下茎は途中で切れると、それから新しい株が増え、完全に退治するのは不可能だ。さらにムカゴまで作るのだから始末におえない雑草である。

ツクシの正しい和名は栄養体のほうのスギナで、学名は *Equisetum arvense*。属名は「馬の硬い毛」のことで、ミズドクサという植物の、水中の茎に生える黒い根に因んでいる。種小名は「農耕地に生える」という意味だから、名実ともに畑の雑草である。その繁殖力で、北半球の温帯域から北アフリカにまで分布し、さらにオーストラリアにまで帰化している。里に春を告げる愛らしい姿とは裏腹に、なかなかの強者ぶりだ。

スギナは３億年の昔の石炭紀に繁栄し、石炭の元となったシダ植物の仲間の唯一の生き残りで、その頃には10～30mを超すものもあったという。巨大なツクシがニョキリと地中から姿を現すのを想像すると、子どもたちがツクシを摘んで戯れる牧歌的な景色とはほど遠い光景だっただろう。畑の雑草のスギナは、血筋として豪者ぶりを備えている。

ツクシはマイナスイメージばかりのようだが、嬉しいことに素晴らしい効能もあるらしい。それは、仲春の今を盛りの花粉症の妙薬になるということ。調理したツクシを食べるだけで、６割ほどの人で花粉症の症状が緩和されるとか。ツクシのエキスを混ぜた「つくし飴」も売り出されている。スギナは「問荊（もんけい）」という栄養茎を乾燥させた生薬だから、昔から薬効のある植物として知られている。なにはともあれ、春を告げる身近な植物であるツクシが、嫌われ者の雑草ということで片づけてしまわれなくて、やれやれである。

写真④－12

タンポポ戦争

タンポポの開花日の平年値は、福岡が３月３日、大阪が３月21日、名古屋が３月２日、横浜が１月22日、札幌が４月29日と、仲春から晩春にかけ開花する。

日本には、カントウタンポポやカンサイタンポポなどの在来種のタンポポが自生し、ほかにセイヨウタンポポなど外来種がある。在来種が各地で減少する中、逆に帰化種は生息域を広げている。

在来種は、夏場に枯れ休眠するが、多くの植物が枯れる秋に再び秋に葉を広げ、ロゼットで越冬し翌春開花する。また、種は秋に発芽して成長を続ける。在来種は、秋から春が生育の中心である。

写真④－13

「たんぽぽに白雲の端解れ出す」
（雨乃すすき）

一方、セイヨウタンポポは自家受粉で多くの種を量産し、種の重さは在来種の半分と、飛散能力に勝る。さらに、発芽温度域が広く、夏も実を結び、アルカリ質の土壌でも発芽する。在来種より有利な繁殖能力で、陣地を広げている。しかし、十分な陽光を受けないと枯死し、酸性土壌に弱いため、酸性度が高く、夏に葉で覆われる在来種の占める林床の薄暗い里山林には進入しにくい。里山が在来種の孤塁を守り、外来種を退けている。

在来種は外総苞片が立ち、外来種は反り返る点で、似た者同士を区別する。しかし、全国のタンポポのDNAを分析した環境省の調査で、在来種の85％は帰化種との雑種と判明した。姿は在来種で中身は外来種だったのだ。内外のタンポポ戦争はまだ終わる気配はない。

すみれの花咲く頃

写真④－14

「春すみれ咲き春を告げる　春何ゆえ人は汝を待つ」は、宝塚歌劇団の代名詞のような歌「すみれの花咲く頃」。その昔、ドイツでヒットしていた「白いライラックの花が再び咲くとき」が原曲という。これがフランスでシャンソンの「白いリラが咲く頃」として歌われていた。それを宝塚歌劇の「パリゼット」の主題歌に採用したのだそうだ。

野のスミレも桜に先駆けて春を告げる花のようである。例えば、スミレの開花日の平年値は、宇都宮、伊豆大島、静岡、岡山で、それぞれ３月28日、３月15日、３月26日、３月27日となっている。同じくソメイヨシノについては、４月３日、３月30日、４月５日、４月１日となっている。原曲の花、ライラック（フランスではリラと呼ぶ）はスミレに変わったが、スミレもリラも確かに春を伝える花に違いはない。ちなみに「ライラックまつり」で有名な札幌では、５月19日が開花の平年値で、ソメイヨシノは５月５日と、桜に遅れて春を知らせる。

スミレの仲間は似た種が多く、同定に苦労する。その手助けになるのが桜の開花状況。いがりまさしの『日本のスミレ』には桜の開花の頃にコスミレやノジスミレ、満開の頃にはタチツボスミレやヒメスミレ、桜吹雪の頃にスミレやアケボノ

写真④－15

写真④－16

スミレがそれぞれ開花。さらに、葉桜の頃にはニョイスミレがようやく咲き始めるという解説がある。

古草と新草

まだ冬めく枯れ草色の畦道の縁に、パラパラとレモンイエローの小さな円光が輝く。まぶしいほどの輝きを放つのは、地べたに貼り付いて咲くカンサイタンポポの花冠。早春に咲き出すタンポポは、花茎が充分に伸びきらず、フキノトウのように花冠が地際に咲く。

その花に目ざとくモンシロチョウやベニシジミが集まり、そこだけは春が一歩早足でやって来る。しかし、灰褐色に塗り込められた畦を観れば、枯れ草の合間に青草が忍び込み、淡い緑色のパッチが現れている。

「古草に椋の頭の隠れけり」

(雨乃すすき)

春まで残る枯れ草を「古草」。古草を押しのけ新しく生え出る草を「新草(にいくさ)」という。それほど日を置かず、古草はすぐに新草に覆い尽くされる草々の春である。そして、「こまがえる草」「草こまがえる」は、枯れ衰えた草がこうして若返る草の様子である。

斑となった青草の生えるあたりを再び見れば、昨秋の枯れ草を足場に、艶やかなカラスノエンドウの若い蔓が絡み付き、天を目指して伸び上がろうとしている。雑草の繁殖力は凄まじい。クズの蔓は、暖かな夏には一昼夜に25～30cmも伸長する。まだ仲春の仄な暖かさだから、一夜にして天まで伸びたイギリスの民話の『ジャックと豆の木』のようにはいかなくても、数日晴れ間が続けば驚くほど成長するのは疑いない。仲春の歩みはトップギアに変速され、大地が新草の緑一色で覆われる季節へまっしぐらに進む。

写真④－17

なごり雪

写真④－18

平成19年は例年にないほどの暖冬で、東京の初雪はなんと3月16日。わずか5分間ぐらい降った霙(みぞれ)が、観測史上最も遅い初雪となった。翌日も一時雪で、17日が終雪であった。初雪と終雪がわずか1日違いの驚きの記録となった。

終雪期の雪を表現する「雪の果て」「涅槃雪」「雪の別れ」「忘れ雪」などという言葉が並ぶ。そして、「名残の雪」という有り難い言葉が目に止まる。几帳面さの欠片もない筆者は、毎日の記録なんて面倒だから、終雪をこの言葉にお任せすればいいと、ずるがしこく考えるのである。曖昧にして季節感に溢れ、それに素敵なことばの響きも嬉しい。

「名残の雪」は「なごり雪」が通りが良いだろう。多くの人が、イルカの歌で大ヒットした、かぐや姫の伊勢正三の名曲を思い出すに違いない。「東京で見る雪はこれが最後ね」というフレーズが、ラジオから毎日のように流れた1970年代初頭の東京。筆者が貧乏学生時代を過ごしたその街は、冬になれば雪が積もる寒い街だった。温暖化とヒートアイランド化で九州より暖かくなってしまった首都。今となっては、なごり雪を見ながら「さみしそうに君がつぶやく」こともないのだろう。季節折々の美しい言葉は、季節感の喪失とともに次第に闇に消えてゆく運命なのかもしれないと、木の枝の上にわずかに積もったなごり雪を眺めてそう思った。

⑤ 清明　万物が清く明るく生き生きと見える

・新暦：4月5日～19日頃　・旧暦：三月　・和風月名：弥生

写真⑤－1

清明は新暦の4月4日か5日頃で、太陽の黄経が15度を通過する日である。清明は「清浄明潔」の略で、「万物が清らかで明るく生き生きと見える」意である。

この頃の陽の光は8月下旬から9月上旬に相当する明るさで、気温は晩秋ほどの清涼さである。山は木々の若葉が薄緑に萌え、ミツバツツジの花が咲き始め、里の桜は花盛り。清々しく柔らかな南東の風を感じながら野の青草を踏んで歩けば、「春愁」もいつしか癒えるようなこの上なく美しく爽やかな季節である。

満開のソメイヨシノの下で花見の宴も盛んなこの頃、寒冷前線を伴った低気圧と移動性高気圧が日本付近を次々に通り過ぎる。春爛漫の陽気も束の間、突然「花冷え」の寒波が襲ったりする。月間の気温の上昇が最も大きい一方、日較差（一日のうちの気温差）が10℃以上を記録する日が一年で最も多いのが4月の気候である。清明の季節は、「春に三日の晴れなし」とか、「女心と春の空」と言われるように、寒暖や天候の急激な変化という激しい一面も見せるのである。4月4日頃は、日本海を発達した低気圧が通過して荒れ模様の天気になる特異日とされている。その特異日は宮沢賢治の『水仙月

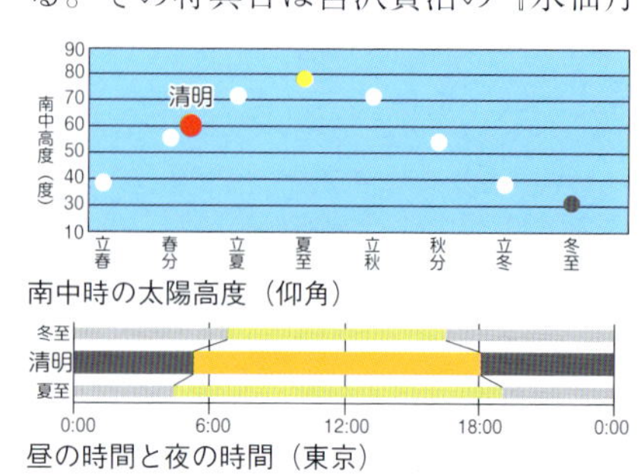

南中時の太陽高度（仰角）

昼の時間と夜の時間（東京）

写真⑤－2

写真⑤－3

写真⑤－4

の四日』では「それはおそろしい雪婆んごが、雪童子や雪狼をかけまわらせて、猛吹雪を起こさせる日」。岩手では水仙は4月の花。この童話にも、賢治の自然科学の知識の豊かさが溢れていて興味深い。

「行春に佐渡や越後の鳥曇り」(許六)

移動性高気圧に覆われたうららかな天気の後に、西からやって来る移動性低気圧。その前面の巻層雲の薄雲や高層雲のおぼろ雲が広がれば、空は鬱陶しくけだるい「桜曇」「花影」となり、雁や鴨たちはその「鳥曇」の空を北の

写真⑤－5

地に向かって渡去してゆく。さらに天気は崩れ雨雲が覆い、盛りの花を濡らすと「桜雨」や「華雨」の雨もよいの空となる。春の陽に暖められた大地を寒気団の移動性低気圧が通過する時に対流が起こる。その花に冷たい雨がさっと短時間降りかかって過ぎる「花時雨」や「春時雨」になる。そして一転、暖かな清々しい南東の「桜まじ」の風が花群を吹き抜ける。これを「清明風」と呼ぶ。花時のめまぐるしい天候は、様々な季節の言葉を生み出すのである。晩唐の詩人杜牧は「清明の時節　雨　紛紛　路上の行人　魂を斷たんと欲す。借問す　酒家　何れの處にか　有る　牧童　遙かに指さす　杏花の村」と清明を詠った。中国も杏子の花を濡らす「華雨」が清明の時期に降るらしい。

写真⑤－6

清明祭（シーミー）は沖縄本島の中南部を中心に行われている清明の節の行事で、18世紀の中頃、中国から伝わった祖先供養の祭りである。墓前に線香を焚き、花やお菓子、果物などを供え、重箱の料理を食べながら、泡盛などを酌み交わす。祖を同じくする人が集い、かねて疎遠な人々が旧交を温める場でもある。首里の氏族から、次第に地方農村へと伝わったようだ。

清明の七十二候

初候「玄鳥至（げんちょういたる）」ツバメが南から飛来する　新暦：４月５日～９日頃

写真⑤－７

ツバメが例年のように南からやって来る頃である。大伴家持は天平勝宝２(750) 年の三月に「燕来る時になりぬと雁がねは国しのひつつ雲隠り鳴く」と越中国守の時に詠んだ。古より、渡り鳥は季節の移りを知らせる。

各地の初見日の平年値は、鹿児島が３月６日、高松が３月19日、大阪が４月４日、名古屋が３月27日、静岡が３月11日、東京が４月７日、仙台が４月11日、青森が４月22日、函館が４月25日となっている。

日本に渡ってくるツバメ類は、ツバメを含め５種。イワツバメは３月上旬から５月上旬、ショウドウツバメは５月上旬、コシアカツバメは３月下旬から４月上旬に渡ってくる。沖縄と奄美のリュウキュウツバメは、留鳥もいるが夏鳥として来るものもいる。

次候「鴻雁北（こうがんきたす）」ガンが北へ渡去する　新暦：４月10日～14日頃

写真⑤－８

ガンが北に渡ってゆく頃である。鴻雁は「大型のガン」の意もある。北海道から九州の各地で見られたマガンは、昭和46年初頭には数千羽に減少したが、現在は数万羽にまで回復した。我が国で越冬する個体の８割が宮城県伊豆沼に集まる。

２月下旬から３月上旬にかけて北帰行が見られるが、温暖化は越冬地の北限の北上、渡来の遅れや渡去の早まりなどの影響を与えている。

「鳥曇」はガンなどの鳥が北に帰る頃の曇り空。気圧の谷や低気圧が通過すると、南の海上から水蒸気を含んだ気流が流入し、巻層雲や高層雲が出来やすくなり、曇り空になる。

末候「虹始見（にじはじめてあらわる）」鮮やかな虹が見え始める　新暦：４月15日～19日頃

写真⑤－９

雨上がりなどに綺麗な虹が見られるようになる頃のこと。虹の出来る条件は日射しと大粒の雨。雨も小粒のしとしと降りから夕立のような強い雨(驟雨)に変わる頃である。夕立や驟雨は夏の季語だから、この雨は「春夕立」「春驟雨」と呼ぶ。

中国では、虹を蛇のような長い虫と考えた。英語では雨の矢ということになる。ギリシャ神話では、アイリスは虹の女神である。

田打桜

植物は自然の神として崇められてきた。旺盛な成長、美しく咲き誇る花、たわわに実る種子や実など、神秘的な生命力の故に神性を持つと信じられた。各地の季節折々の祭事に祭られ、年中行事に飾られる。さらに、季節を違わず咲く花は、季節の移ろいを知らせる標でもあった。特に、村里に咲く花は、季節とともに進める農事作業の適期を知らせる自然暦としての役目があった。植物は、命の糧ばかりでなく、宗教や信仰、民俗、風習において、人々の日々の暮らしとともにある身近な存在であり続けた。

桜は聖なる植物の象徴的存在に間違いない。満開の桜は、秋の豊かな実りを表徴し、穀霊が宿る花と信じられた。山に住む田の神は、田植えの時期になると人里に下りて来る。桜の開花はその前触れなのである。桜の「さ」は「田の神」の意で、「くら」は神の「座」であり、桜は「田の神の依代」とみなされた。また、桜が稲の種まきの頃に咲くことから「穀物の神の依代」となった。

写真⑤－10

「田打花といひなれて咲く花のあり」
（服田腑仰）

このように桜の開花は、様々な農事の始まりを告げる季節の標であり、各地で「田打桜」「種蒔き桜」「田植え桜」などと呼ばれ、豊穣を約束するのである。なお、「花見」は、桜の咲き具合で秋の実りを占った農耕生活の行事を起源としている。

里桜

写真⑤－11

花といえば桜。桜といえばソメイヨシノ。全国で植栽される7割はこの桜。桜の園芸品種を里桜と呼び、これまで約800もの品種が知られるが、200以上の品種が現存する。里桜は突然変異、自然交雑、人為交配などで出来た種を元に作出され、ソメイヨシノもそうした里桜の一品種だ。その多くはオオシマザクラが母樹で、中尾佐助は、オオシマザクラの自生地の伊豆半島に近い鎌倉幕府や小田原文化が、品種形成に深く関わると述べている。

ソメイヨシノはオオシマザクラとエドヒガンとの雑種、その自家交配、オオシマザクラとの戻し交雑と諸説あるが、DNAの分析ではエドヒガンが母樹とみられている。ソメイヨシノは江戸末期、江戸の染井村（今の東京都豊島区）の伊藤伊兵衛正武という植木屋が作り出した。「吉野桜」の名で世に出たが、吉野のヤマザクラとの混同を避けるため、藤野寄命によりソメイヨシノと名付けられた。

明治以前は、桜といえばヤマザクラだったが、いつしかソメイヨシノに取って代わられた。接ぎ木などの栄養繁殖（クローン）で苗を増やすから、どれも同じ遺伝子のはずだが、花期、花色などの異なる系統があり、形態的な差異も見られる。ヤマザクラは同じ木の花同士では結実しない自家不和合性があり、遺伝形質が異なるほど結実しやすい。陣地奪還を狙い、ヤマザクラの血が、じわじわと入り込んでいるのだろうか。種の多様性を生み出すヤマザクラの戦略が功を奏し、古の桜が再び勢力を盛り返す日が来るかもしれない。

春

晩春

⑤清明

春の女神

写真⑤－12

夜も眠れないほどにソメイヨシノの開花情報に気をもむのは、花見を待ち望む人だけではない。もっとやきもきなのが、年に１度、わずか１～２週間に勝負をかけるチョウ好きの人。桜の開花に合わせるように「春の女神」や「春の舞姫」とか呼ばれる美麗なアゲハチョウの一種のギフチョウが羽化するからだ。

美人薄命ではないが、ギフチョウも各地で絶滅に瀕している。食草はカンアオイ類。その種子の拡散は主にアリに依存し、群落の拡大は１万年で数キロメートルと極めて鈍い。スローな群落拡大のため分布が限られるのは確かだが、食草のカンアオイ類が豊富な生息環境が激減している。

化学肥料の登場で、肥料の刈敷が使われなくなり、燃料革命で薪も不要となり、クヌギ林などの夏緑広葉樹林は見捨てられた。さらには、輸入材の増加で、スギ林などの植栽林は放置されている。こうしてカンアオイ類の生育地だった里山は荒れ放題となった。林内は、林床に陽も射さず、他の植物の生育を妨げるササ類に覆われてしまった。暗い林内でカンアオイ類の生育は次第に困難となり、チラチラ木漏れ日の射す林を好むカタクリなどの春植物も姿を消した。春の女神を育む環境はすっかり失われてしまった。

危機に瀕する貴重な生物の多くが、農林業と深い関わりをもっている。人手を加えない無垢の自然のみが自然保護ではないと里山の現状が教えている。

胡蝶の夢

写真⑤－13

写真⑤－14

横光利一は「蝶二つ飛び立つさまの光かな」と詠んだ。野に目立ち始めたスミレやタンポポの花から花へ、軽やかに舞うチョウの姿。桜色に染まる里に爽やかな色を添える。清らかで生き生きとした清明に、チョウほど似つかわしいものがいるだろうか。

写真⑤－15

「一日物言云わず蝶の影さす」

（尾崎放哉）

春先に最初に見たのが「初蝶」。成虫で冬越した「冬の蝶」が塒（ねぐら）から飛び出し、真っ先に「春の蝶」の名乗りを上げる。やや出遅れて、蛹で越冬したチョウも羽化を始める。少し翅の擦れた年越しのチョウと、羽化して間もない初々しいチョウとが一緒になり、晩春の里は胡蝶の夢の世界である。自分が夢でチョウになったのか、チョウが夢を見て、今は自分になったのか、判然としない夢と現実。それは、爽やかな季節の夢うつつの風景。

「うつゝなきつまみごゝろの胡蝶哉」

（蕪村）

白いゲンゲ

写真⑤－16

動物では、白いヘビや白いライオンがたまに生まれ、マスコミの話題になる。このような体色の白い個体を「アルビノ」と呼び、メラニンの生合成に関わる遺伝情報の欠損が関与している。動物のアルビノは、野外で目立つので、外敵に狙われやすく、目の色素も失われ、目が赤く濁るため、視覚的な障害を持ちやすく、生存率が低い。

植物体（株）の白い個体は、色素のクロロフィルが欠損したものである。クロロフィルがないから光合成ができず、枯死してしまう。花だけが白い写真⑤－16のゲンゲのように、元々青や紫などの花色の植物が、稀に白色の花を咲かせるのは、色素の欠損ではなく、白花を形成する遺伝情報に関わる遺伝群が組み込まれているからだ。この「白変種」と呼ばれる白い花は、花色以外は正常な個体と変わらず、枯死することはない。

「一畠まんまと蜂に住れけり」（一茶）

花粉を媒介する昆虫は、種によって花の色の好みがある。例えば、モンシロチョウは白や黄色を、アゲハは赤色系の花を好む。花と昆虫は長い年月を経て、蜜を与える代償に花粉を媒介してもらう共存関係を築き上げてきた。お馴染みの赤紫の花の群落が、突然に全部白色に変わったら、ミツバチはきっとうろたえてしまうだろう。本来の花色の赤紫は白に対して単因子優性で、ほとんどは虫媒で他家受精するため、白いゲンゲの発現頻度は稀だ。だから、ミツバチをびっくりさせるような事態はまず起こらない。

花散る季節

椿や梅の花を追うように、桜も散る時を迎える。花の季節は何故か駆け足で通り過ぎる。だがそれは思い過ごしで、日の移ろいに遅速などない。花を惜しむ気持ちがそう思わせるだけである。だが、華麗で妖艶な夢心地の花の季節と命は、やはりあまりにあっけない。

「水鏡さくらの鬱を映しけり」

（雨乃すすき）

花のあまりある美しさ故に、その盛りにすら憂いそのものであり、既に終焉をも映し出し、散る花は否応なく死の美学へと昇華する。

「願はくは花の下にて春死なむ　その如月の望月のころ」（西行）

ひらひらと空に舞い、地を薄紅色に染める花の終焉は、憂う人を死の世界へと招き入れようとする。そして、その花の散り際はヤマザクラこそ似つかわしい。

だが、惜しげもなく乱舞する花吹雪の桜ならソメイヨシノの散り際である。正義のためにきっぱりと命を捨てる清心な武士道に回帰する潔い散り様に似ているから。「敷島の大和心を人問わば、朝日に匂う山桜花」のヤマザクラはいつしか時代の波にもまれ、集団で潔く身を捨てることさえ厭わない国粋の花としてソメイヨシノに取って代えられた。

写真⑤－17

現在の花見の桜は、その軍国の象徴であったソメイヨシノばかり。芋の子を洗う人の波に飲まれながら、観桜の列は清明の空の下を流れてゆく。そこには詩人の憂いはもちろん、ましてや憂国の情などありはしない。殺伐とした現実からの逃避に似合うのは、花びらを満面に纏うソメイヨシノだけ。求めるのは散り際ではなく、満開のソメイヨシノ、そればかりなのだろうか。

⑥ 穀雨　穀物を潤す雨が降る

・新暦：４月20日〜５月４日頃　・旧暦：三月　・和風月名：弥生

写真⑥－１

穀雨は新暦の４月20日頃で、太陽の黄経が30度を通過する日。穀雨は「百穀を潤す春雨」の意である。霞のような雨が長く降り続き、田畑を潤すから、穀物の種の成長を育む恵みの雨であり、種蒔きの好機の時節となる。雪国でも雪はほぼ終わり雨に変わる頃で、田植えの準備が始まり、いよいよ本格的な春となる。

「掘返す魂光る穀雨かな」
（西山泊雲）

穀雨が終われば立夏。穀雨は「夏隣」の季節である。西日本では最高気温が25℃を超える夏日の日がちらほら訪れるようになる。この夏の予兆の「春暑し」の陽気に「春の汗」を流すのである。「近き夏」の気配は雨粒にも表れる。しとしとと降る細やかな雨粒は、次第に音をたてて降る大粒の雨に変わってゆく。この頃から美しい虹が現れるようになるのも「行く春」の証である。細かい雨に弱い日射しでは虹は現れず、夕立のような大粒の強い雨に強い陽光が射す時に虹がはっきりと現れる。

桜の花の喧噪が終われば、野山の木々はもう若葉に覆われている。その薄緑の中に黄色味を帯びた竹の群落が浮かんでいる。竹は晩春になると、筍の生長のために一時的に活力が衰え、

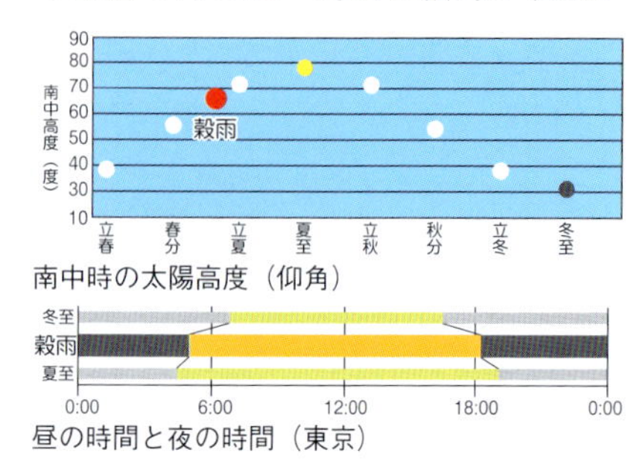

南中時の太陽高度（仰角）

昼の時間と夜の時間（東京）

写真⑥－2

晩秋の木々の紅葉のように葉が変色する「竹の秋」となる。この頃、常緑のシイやカシ、ヒノキなどの針葉樹でも一部の葉が変色し落葉する。この「春落葉」の頃のクスノキやスギの赤みを帯びた山の色も「行く春」の風情に満ちている。

「降りつゞく弥生半ばとなりにけり」
（高浜虚子）

ちょうど菜の花の咲く頃の春霖が「菜種梅雨」。大陸の高気圧からちぎれた移動性高気圧が東に進み日本海に至ると、太平洋沿岸に温暖前線が停滞するようになる。その周辺では春の暖かな長雨が続くことになる。この雨は、花が咲くのを促すようにしとしとと降り続けるので、「催花雨」と呼ばれる太平洋側に特有のもので、北日本では降らない雨である。

春の霧は「霞」、春の夜の霧は「朧」

写真⑥－3

で、「霧」は秋の季語。霞や朧は気象用語にはなく、空気中の水蒸気が凝結して地面付近を漂っている霧は、1km以上見通せる場合を「靄」、1km以下の見通しの場合を「霧」と呼んでいる。春の霞は、移動性高気圧に覆われてよく晴れた風の弱い日に発生しやすく、霧のような水蒸気によるもののほかに、地面から舞い上がる埃、中国大陸から飛来する黄砂、野焼きの煙などでも発生する。

写真⑥－4

「霜害を恐れ八十八夜待つ」
（高浜虚子）

雑節の「八十八夜」は立春から数えて八十八日目。新暦の5月3日頃で、後3日で立夏を迎える日である。農事の重要な節目であり、茶摘みや苗代の籾蒔きの目安とされた。この頃の遅霜は「八十八夜の別れ霜」と呼ばれ、茶や作物の若芽に大敵であるから、凍霜害の対策を喚起する日として暦に刻まれている。そんな「忘れ霜」の朝になるのは、低気圧が通り過ぎ、その後から吹き寄せる大陸の寒気団が日本列島を覆い、同時に移動性高気圧が訪れ晴天になった日の明け方、大地が熱を放射する放射冷却現象によって引き起こされる。

穀雨の七十二候

初候「葭始生（よしはじめてしょうず）」ヨシが芽吹き始める　新暦：４月20日～24日頃

川や池のヨシ（アシ）が芽吹く頃である。サクラの散る清明の頃から、鬼の角のようなヨシの芽が、水中の泥を割り次々に出てくる。

「水牛か角ぐむあしの水の面」（如水）

穀雨の頃には、芽はもう大分伸びて、水面から突き出た若葉が、群落となって、水面に緑の斑を描いている。

写真⑥－５

次候「霜止出苗（しもやんでなえいず）」霜が収まり苗代の稲が育つ　新暦：４月25日～29日頃

写真⑥－６

霜降も収まり、苗代の稲の苗が伸び始める頃である。種籾は13℃以上の温度で発芽するが、適温は30～35℃である。穀雨の次候の頃には関東以西の多くで、平均気温は13℃を超えている。

春の遅い北地では、温室で稲の苗作りを行う。寒冷地は夏が短いから、春の訪れと同時に、抑制栽培で十分に育った苗を植えて、冷害に合わないように収穫時期を調整する。

従来、イネの栽培は寒冷地に適さなかったが、寒冷地向けの品種が作出され、現在では北海道や東北地方の生産量が大幅に伸びている。一方、西日本では、温暖化による登熟障害で、味の低下を引き起こしている。

末候「牡丹華（ぼたんはなさく）」牡丹の花が咲き始める　新暦：４月30日～５月４日頃

牡丹の花が咲き始める頃で、各地の名所もちょうどこの頃が見頃となるが、北国の札幌などではようやく桜の開花が始まる。

牡丹の名所である当麻寺、石光寺などは、４月25日～30日が見頃というから、見事に七十二候に合わせて咲き出すようである。

写真⑥－７

その名所の一つ、奈良県桜井市の長谷寺の牡丹は、晩唐の十七代皇帝僖宗の妃・馬頭夫人（めずぶじん）の献木に由来するという。妃は顔が長く鼻が馬に似ていることから「馬頭夫人」と呼ばれていたが、容貌に悩む妃が仙人に頼むと、日本の国の長谷観音の信仰を勧められた。使者を遣わし祈願すると、観音様の霊験を受けて絶世の美女になった。そのお礼に妃は牡丹数十株を長谷寺に納めたという。

天地開闢物語

写真⑥－8

水辺に伸び出すアシの芽は、鋭く尖った角のように見えるので「葦(蘆)芽(あしかび)」「葦の角」「葦の錐」などと呼ばれ、俳句で好まれる春の季語である。ヨシは、古くは「アシ」と呼ばれていたが、「悪し」に通ずるとして反対語の「ヨシ」の名が用いられるようになった。「蘆」「葭」の字もあてる。

古事記上巻に、「次に国稚く浮きし脂の如くして、水母（くらげ）なす漂える時、葦牙の如く萌え騰がる物に因りて成りませる神の名は、宇磨志阿斬詞備比古遅神（うましあしかびひこじのかみ）。」と天地開闢（かいびゃく）の物語が綴られる。

日本最古の歴史書の滑り出しに早々に登場し、国土の成長力を神格化する象徴的植物こそ、この葦牙。葦の牙、即ちヨシは、我が国土の根元となった神の名を飾った。ヨシは、古事記に、生物として真っ先に名を連ねる輝かしき経歴の植物なのである。

遠目に見ると、その若緑の直枝の塊は、海に浮かぶ島々のように見えてくる。まるで、豊葦原の稲穂の国の創世の姿のように。

写真⑥－9

暮春の水辺の風景は、青葉の初夏に向かって駿馬のように駆けてゆく。太古の開闢の物語に思いを廻らすこの葦牙の池は、間もなく渡ってくる「ケキュ、ケキョ」と鳴き交わすオオヨシキリの喧噪に包まれるだろう。

牡丹ヒストリー

写真⑥－10

穀雨の花、牡丹の原産地は中国西部の四川省、陝西省、甘粛省付近という。薬草として栽培されていたが、隋の時代より観賞用の品種が現れ、唐代には大流行し「花王」「花神」「富貴草」の名で呼ばれ、中国の国花とされている。

牡丹の日本への渡来は奈良時代とも平安初期ともいわれる。聖武天皇の時代に、吉備真備が唐から持ち帰ったとされる。牡丹は、古くは観賞目的よりは薬用が主だったようで、『万葉集』『古今和歌集』に詠まれていない。朝鮮人参の栽培で名高い島根の大根島では、奈良時代に牡丹の栽培が行われており、日本最古の栽培地という。

牡丹の古名は「深見草」。「ふかみ」は渤海のことで、牡丹が渤海国から伝わったのが由来である。渤海は、唐、新羅、黒水靺鞨と対抗するため、渤海使や遣渤海使によって日本と計34回交流が行われたが、その特産物などの交易で牡丹も入ったとみられる。

一方、空海説もある。その人、日本真言宗の開祖である弘法大師が、平安時代初期に遣唐使の留学僧として入唐した際、唐から持ち帰り、都や北陸の寺院などに植えたのが始まりとか。平安時代、牡丹の観賞は王侯貴族、武士、僧侶など上流階級のもので、庶民が楽しむようになるのは江戸時代以降のことである。

牡丹が文献に初めて登場するのは平安時代後期。天養元（1144）年に編集された勅撰和歌集『詞花和歌集』の、藤原忠実の詠む「咲きしより散り果つるまで見しほどに花のもとにて二十日へけり」が牡丹を詠む始めての詩歌で、「二十日草」は、牡丹の古名の一つ。

芽鱗散る

写真⑥－11

一斉に木々が芽吹く里山を覗くと、冬芽の芽鱗を脱ぎ捨てたアベマキの枝先に、銀色の産毛を纏う幼葉が寄り添って芽吹いていた。そして1週間、幼葉は既に成長した葉の大きさになっていた。展葉間もない柔らかい葉は、昆虫の旬のご馳走だ。越冬から覚めたコカシワクチブトゾウムシが目ざとくやって来た。

写真⑥－12

萌え木の林床を埋め尽くす落ち葉の上には、無数の褐色の種。いや、割れた種に見えたのは、冬芽が脱ぎ捨てた芽鱗であった。若葉にばかり目を奪われていたら、林床にも萌え木の季節ならではの風景があった。季節を告げるのはサクラやギフチョウばかりではない。見落とされそうな足元にも、季節の移ろいを映し出す確かな季節の標がある。さて、この風景をどう言葉で表現すればよいだろう。秋の終わりのモミジの「落ち紅葉」や「散り紅葉」を真似て、「芽鱗散る」「芽鱗落つ」と晩春の季語を作ってみたくなる。

みどりの揺り籠

4月29日の天皇誕生日は、昭和64(1989)年に崩御されてから、「みどりの日」と改称された。平成17年の祝日法の改正で、同19年からは「昭和の日」となり､「みどりの日」は5月4日に移動されたが、穀雨の末候の頃は、若葉の緑に溢れる季節であることに変わりはない。

写真⑥－13

写真⑥－14

里山の若葉の林を歩くと、アベマキの葉にたくさんの落とし文（揺籃）がぶら下がっていた。このオトシブミの揺籃（ようらん・ゆりかご）は、葉を折りたたんで丸めた卵形の造りだ。葉を数回巻いたら、揺籃を齧り、その穴に産卵して、更に何度も巻いて完成する。卵は幾重にも巻かれた若葉の揺り籠で育つのである。

コナラの葉にも揺籃があった。こちらは丸めた絨毯のように、葉の端からクルクルと巻いただけの簡単な造りだ。これはチョッキリゾウムシの仲間の揺籃の特徴である。揺籃作りに忙しいルリデオチョッキリが、その木に何頭も見つかった。ようやく葉の端を切り始めたものや半分ほど丸め終わったものなど、見渡すだけで揺籃作りの過程がわかって面白い。

チョッキリゾウムシの仲間は、ハマキチョッキリ類など体長が8㎜程の種もあるが、大抵は2、3㎜の微少種だ。ルリデオチョッキリも2、3㎜前後と小さい。小さな体で大きなコナラの葉を丸めて揺籃を作るのだから驚きだ。

みどりの日は、様々な形のみどりの揺り籠を探して、若葉の林を散策するのも面白い。

写真⑥－15

写真⑥－16

春の鴨

「河原鶸」「麦鶉」「頬白」は晩春の季語。

「キリキリ」「コロコロビィーン」と梢の頂で伸びやかに囀るカワラヒワ。麦畑から「ヒヒ」と鳴きオスを呼ぶ「合生（あいう）」と呼ばれるウズラのラブコール。「一筆啓上つかまつり候」と聞こえるホオジロ。里の野山は、この時期に繁殖期を迎える留鳥の鳴き声で賑やかだ。

「燕」「岩燕」「山椒喰」も晩春の季語。これらは、春が深まる頃に南方から日本にやって来て、繁殖する夏鳥である。これとは逆に、冬鳥は冬を日本で過ごし、春に繁殖地の北国に帰る。ツルやガンの北帰行は２月、ハクチョウのそれは３月には始まり、「引鶴」「鶴帰る」「白鳥帰る」「帰雁」「名残の雁」「引鴨」「行く鴨」「鳥帰る」「鳥雲に入る」などは仲春の季語となっている。

写真⑥－17

そして「春の雁」「残る雁」「残る鴨」「春の鴨」は、晩春の季語。多くのガンやカモが北の地へと引き上げた後、なお居残る姿をいう。病気などで渡りが遅れたガンやカモだろうか。近年、秋に南下の時期の遅れも見られる冬鳥だが、異常気象もその要因なのか。

「戻り鴫川面にせはしき水輪を描き」
（雨乃すすき）

さらに、渡り鳥には春と秋、長距離の渡りの途中、一時的に日本で羽を休める「旅鳥」がいる。春に北へ向かうシギもその一つだ。「戻り鴫」は晩春の季語となるが、「鴫」なら、秋に南へ向かうシギのことで、こちらは秋の季語。シギやチドリの休息の場となる干潟や白砂青松の砂浜は、益々現象の一途で、旅の疲れを癒すのもままならない状況にある。

近き夏の花

写真⑥－18

夏隣の林の木々は、いつしか青若葉に包まれる。俄に20℃を超える日も訪れ、南西から入り込む湿った大気に、暑さに慣れない体が汗ばむ。「春の汗」の滲む「春暑し」の、春から夏に移ろう季節に、藤の花が淡い青紫の薄霞のように「近き夏」の林の縁を彩る。春と夏の境目に咲くから、藤は二季草（ふたきぐさ）の別名がある。

枯れたような蔓が、みるみる枝葉を広げ、瞬く間に花を咲かせることから、古代より神力を持った植物と考えられた。生命の復活する春を崇拝し、夏から秋へと安寧に季節が巡り、豊穣の季節を無事に迎えることを祈願する農耕民族にとって、春と夏を繋ぐ花である藤は、聖なる植物であった。そして、その高貴に満ちた藤の薄紫の花色は、藤原氏のシンボルカラーとなったのである。

古代より、藤は花を愛でられるばかりでなく、蔓の内皮の繊維で、藤衣、沓、弓などに使われる有用な植物であった。さらに強靱なその植物の蔓で籠も編み、漁網、蒸籠の敷布になり、古墳の巨石さえ引いたのだという。晩春の山野を飾る藤はフジ（ノダフジ）とヤマフジ（ノフジ）の２種でよく似るが、フジの花序は長くて20～80cmに達し、花は基部から先端に向かって咲き進み、花数が100個を超え、蔓は左巻。一方、ヤマフジはより大きい花がほぼ同時に咲き、花序は10～20cmと短い。繊維を取ったのは写真⑥－18のフジのほうである。

写真⑥－19

⑦ 立夏　夏になる時

・新暦：５月５日～５月20日頃　・旧暦：四月　・和風月名：卯月

写真⑦ー1

立夏は新暦の５月５日頃で、太陽の黄経が45度の点を通過する日。暦上の夏は、この日から立秋の前日までである。木々の若葉はすっかり葉を広げ、森や林が清々しい緑に染まる。最も日照時間の長い夏至を前にした時節だから、陽の明るさは既に夏本番である。どんよりとした日の続く雨の季節を後に控えることを思うと、晴れ晴れとしてエネルギッシュなこの頃の気候は、なおさら嬉しさを覚え、ことさらに心地よく感じられる。

「夏立ちて次の地平をあをぐなり」
（雨乃すすき）

太陽から降り注ぐ光は「夏立つ」頃でも、肌に触れる風は仲秋のような爽やかさで、夏の暑さにはまだ遠い。きらきらとまばゆい陽の輝きに「夏来る」を知り、暑からず寒からずの爽快な薫風の季節である。芭蕉の『奥の細道』の旅は元禄２(1689) 年の閏三月、大安の二十七日（新暦５月16日）に第一歩を踏み出し、五月十九日には「あらたふと青葉若葉の日の光」を日光で作句している。

ゴールデンウィークも終わった５月中旬頃は、しばしば移動性高気圧に覆われて晴れの日が多くなり、特に５月13日は晴れの特異日となっている。快晴の穏やかな日和には「薫風」や「青

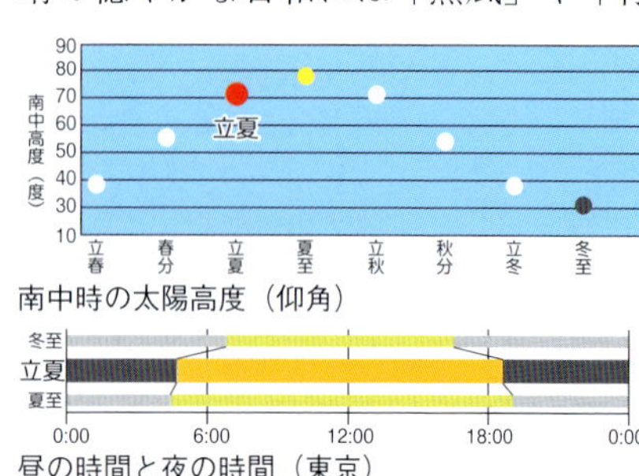

南中時の太陽高度（仰角）

昼の時間と夜の時間（東京）

写真⑦－2

葉風」が花や若葉の香りを乗せて運ぶ暖かな南風が吹くが、それが少し激しく吹けば、茂る青葉は「青嵐（あおあらし）」に揉まれることになる。高気圧の覆う心地よい季節にも、交互に移動性低気圧もやって来て、時には激しい「メイ・ストーム」の風が吹き荒れることもある。北海道では5月10日頃に一年の最低気圧を記録することが多く、急激に発達して移動速度も速いこの低気圧は、台風並みの大きな被害をもたらすこともある。

「長雨の空吹出せ青嵐」

（山口素堂）

湿気を含んだ南風の「ながし」が雨を運んでくることもある。新緑を「新雨」が濡らし、「青葉雨」に若葉が一層艶めき、その濡れた葉から「青時雨」の雫がしたたり落ちる。そして、チガヤの白い綿毛に「茅花流し」の雨が降りかかる。

写真⑦－3

写真⑦－4

初夏の山肌に残雪が描く「雪形」は農事の目印。白馬岳の「代掻き馬」が山頂近くに姿を現すのも立夏の頃で、この雪の馬が代掻きの開始を促す。雪形には、黒い山肌の残雪が白い絵模様になるものと、雪の解けた山肌が残雪に黒く浮き出すものの2種類がある。蝶ヶ岳の稜線近くに現れるのは、残雪が描く大きく羽を広げる純白の蝶。残雪と黒い山肌が「種まき爺さん」を描く爺ヶ岳。いずれも雪形が山名の由来となった北アルプスの山々である。

写真⑦－5

写真⑦－6

写真⑦－7

写真⑦－8

「夏隣」を告げたフジが花盛りを過ぎ、薄紫のキリの花へと主役交代の頃。野辺のノイバラが咲き、各地のバラの名所でも見頃を迎える。南北に長い日本では、この頃北海道でようやく桜や梅が開花を始めるが、九州ではもうミカンの花の香りが漂い、沖縄では間もなく梅雨の季節を迎える。

「一の田の水引き入る二の田かな」

（佐藤紅緑）

そして、田植えも間近。田水が入りカエルの声が聞こえ始め、里の生きものが一気に賑わいを見せる。

写真⑦－9

写真⑦－10

立夏の七十二候

初候「蛙始鳴（かえるはじめてなく）」カエルが鳴き始める　・新暦：5月5日～9日頃

トノサマガエルの初見日の平年値は、盛岡が4月24日、仙台が5月6日、銚子が4月14日、京都が5月8日、岡山が5月4日、福岡が5月11日となっており、立夏前後になると、多くの地域で越冬から目覚めるようだ。

写真⑦－11

そろそろ田植えの準備が始まる頃である。田水が引かれて半月後、雨が降った暑い夜、「グルルル…」と鳴くトノサマガエルのコーラスが聞こえる。100㎡に数個体から数十個体が集まり、頬の一対の鳴き袋を膨らませて日没後から翌朝、日が昇るまで延々鳴き続ける。近くに身を潜めていたメスはその声にひかれ、目当てのオスに近づくとオスはメスにすり寄り、背中におんぶして抱接する。そして水底に潜り、メスの生む卵塊にオスが放精して1繁殖期に1度の産卵が終わるのである。

次候「蚯蚓出（きゅういんいずる）」ミミズが地上に這い出る　・新暦：5月10日～14日頃

写真⑦－12

ミミズ（蚯蚓）が地上に這い出る頃である。ミミズの活動温度は6～23℃といわれ、活動が盛んな時期は春と夏である。特に4月と5月が最も生息数の多い時期である。

立夏の次候にあたる頃の5月10日～16日の7日間は「愛鳥週間」となっている。野鳥の餌のミミズなどの小動物や昆虫が豊富な時期であり、この頃多くの野鳥が産卵、育雛を盛んに行う。

末候「竹笋生（ちくかんしょうず）」竹の子が生え始める　・新暦：5月15日～20日頃

タケノコ（竹笋）が生えてくる頃である。漢字の「筍」は、旬日（10日間）で成長して竹になることに由来している。成長が盛んな時期のタケノコの1日の伸長量は、マダケで121cm、モウソウチクで119cmという。タケノコの成長は、頂部の生長点と各節にある生長帯の両方の部位で起こり、各節の生長帯が、蛇腹を引き延ばすように成長する。モウソウチクでは、約60個の節があり、そのすべての生長帯が同時に伸長するから、タケノコの成長は驚異的である。

写真⑦－13

立夏のサバンナ

写真⑦ー14

立夏の頃、いつの間にか姿を現すアマサギの群れ。田を耕すトラクターの後ろをついて歩く群を見る度に、「一体どこで見ていたのか」と、毎年繰り返される光景に驚く。本来はアフリカ周辺に生息していたが、1930年代から次第に生息域を広げ、今では５大陸で見られる。日本では第２次世界大戦後、急速に個体数が増え、本州から九州で繁殖し、1973年頃からは北海道でも見られる。

アマサギが繁栄を続ける理由は何か。その答えは、サギ類の多くは水辺で採餌するが、この鳥は草原で、大型草食獣の足音に驚いて飛び出す昆虫などを餌にしていることがヒントだ。多くの水鳥が、干潟や磯などの生息地の減少で危機に瀕しているが、この鳥はサギ類ではあるが、その心配のない草地や畑地を生息環境としている。「トラクター」を「サバンナを歩く草食動物」と置き換えてみよう。前世紀、機械化により大規模農業が発展し、人為的な草地環境が世界中に拡大した。同様に我が国でも、灌漑設備の充実により、収穫後の水田は水が抜かれ、水田の乾田化が進んだ。こうしてアマサギにとって快適な草地環境が拡大したのである。

田植えに備えた起耕の始まる初夏、機械仕掛けの草食獣の後を歩けば、人の手で造り出された草地で、苦もなく餌の昆虫にありつけるというわけだ。アマサギの繁栄する現状は、既存の環境が人為的に破壊され、在来種が消えて出現したギャップに入り込み、新たな生息地を獲得するという帰化生物の侵入と繁栄のメカニズムと重なるのである。

恋多き女

立夏を過ぎ、里山にも田植えの季節がやって来た。代掻きを終えた田に張られた水は、早朝のまだ明けやらぬ薄ぼんやりとした明かりを受け、方形の鏡となって鈍く銀色の光を放っている。既にイネの植えられた田には、コサギやコチドリなどの水鳥たちが早速やって来て、薄黄緑色の初々しい苗の列の合間をぬい歩き、採餌に余念がない。

走り梅雨の頃、いつもはほとんど姿を見せないのに、田植えを待ちかねたように決まって姿を表すのはタマシギのお熱いカップル。早朝や夕暮れの畦やまだ草丈の低い田の中で、仲睦まじいペアが見られる絶好の季節である。

見た目は熱愛の夫婦に見えるが、これも産卵までの３、４日の短い仲で、実は凄まじい生活を送っている。多くの鳥とは逆に、タマシギはメスが派手な色彩で体も大きく、繁殖期の夜「コォーッ、コォーッ」と鳴き続けてオスを呼ぶ。両翼を真上に立ててディスプレイしてオスを誘い、番（つがい）となって３、４日後にオスの作った巣で産卵すると、さっさと別れ、他のオスを求め去ってゆく。だから、雛を育てるのは当然のことながら残されたオスの役目。孵化後間もなく歩き出す雛たちは、巣立つまでの20日くらいを子煩悩のお父さんにくっついて、父子だけの日々を送るのである。

タマシギのメス、何とも恋多き女のようだが、草丈の低い湿地や田植え間もない水田など、外的に狙われやすい環境で営巣する悪条件をカバーする戦略なのだ。オスとメスの性比は３：１でオスが多い。メスが多くのオスと番となり、たくさんのオスに育雛を任せ、繁殖効率を高めているわけで、色恋に溺れる自堕落な女では決してないのだ。

写真⑦ー15

夏 初夏 ⑦立夏

青葉時

真新しい柔らかな「若葉」の「緑」に染め尽くされる萌え盛りの林。みずみずしく艶やかな「新緑」の葉に包まれる「新樹」。花を終え、すっかり緑葉に覆われる「葉桜」。初夏の木々の若々しい緑を表す季語で溢れる初夏の里山。

「林間に宙の眼をみる青葉時」

（飯田蛇笏）

芽吹いた冬芽が、展開して成葉になるまでに二つの段階を経る。まず、芽鱗を脱ぎ捨てた冬芽が開いて茎を伸ばし、幼葉が外に出る「開葉」の段階、続いて、扇のように小さく折り畳まれた幼葉が葉を広げ成葉の形と大きさになる「展葉」である。

写真⑦－16

花の開花時期が植物によって異なるように、開葉の時期も種によって遅速がある。割合早いのは、シラカバやカツラなどで、芽が開く前の10日間の平均気温が６～８℃で開葉が始まる。ソメイヨシノやハルニレなどは８～11℃、アカマツややマグワなどは11～13℃で開葉が誘発される。

木のすべての葉が展葉を完了するまでの期間も種により様々だ。コナラなど、冬の前に芽鱗の中で幼葉が成長し冬を越す種では一斉に開葉し、短期間で展葉を終える。一方、シラカバのように、まず頂芽の数枚が展葉して光合成を行い、そのエネルギーを利用し茎の芽が順次開葉を進める種では、開葉から展葉までに長期間を要する。青葉時の林の色が様々なのは、種に特有の新葉に含まれる葉緑素などの色素、開葉時期、展葉スピードの多様さにほかならない。

青葉のダイナミズム

写真⑦－17

若葉の香りが漂う青葉山。艶々とした柔らかな葉に埋まり、憑かれたように無心に葉を蚕食するガやチョウの幼虫。ゾウムシやハムシの成虫も、これに負けじとせっせと採餌に励んでいる。若芽や花芽と同様に、高タンパク質成分を多く含む新葉は、昆虫にとって絶好の栄養源である。幼虫の生育期や成虫の繁殖を、豊富な餌に恵まれる若葉の季節にうまくシンクロさせる様々な昆虫類で、青若葉の林は姦（かしま）しい。

写真⑦－18

写真⑦－19

食事に夢中な幼虫や、葉の上で羽化したばかりの動きの鈍い成虫を狙うのはクモや捕虫性の昆虫。幾重にも重なる葉影に潜み、そっと獲物に近づき、青葉のテーブルの上で溢れるほどの御馳走を頬張る。このクモや昆虫とて、飽食に酔いしれてばかりではおれない。まぶしいグリーンの光のシャワーに紛れて、野鳥の鋭い眼光と嘴の刃が光っている。昆虫などの小動物に満ち溢れる初夏、野鳥にとっても採餌がとても容易な季節だ。腹を空かせた雛に急かされるように、親鳥は青葉の林で餌探しに余念がない。新緑の季節は、青葉から昆虫へ、昆虫から鳥へと、生きものエネルギーがダイナミックに循環する季節である。

楠落葉

写真⑦－20

植物の葉には寿命があるから、落葉樹に限らず常緑樹でも落葉する。落葉樹の落葉は秋に全葉一斉に行われるが、常緑樹では新葉が出るのと入れ替わるように古い葉だけが落葉する。アラカシ、アカガシなどのカシ類、コジイ、イタジイなどのシイ類の葉が初夏に新旧交代するのが「夏落葉」。その代表格がユズリハで、「譲葉」の和名は、古い葉が新しい葉にすっかり代替わりする様から。針葉樹のスギの「常盤木落葉」は、小枝ごと豪快に落ちる。

クスノキの葉は緑色の葉が少し黄色味を帯びたまま冬を越し、新葉が出る頃に紅葉して、１週間ほどで一斉に落葉する。大木の根元に降り積もったクスノキの紅色の「楠落葉」は艶やかで美しく、時折吹く若葉風にカサコソと音を立てる。

写真⑦－21

古い葉の落ち尽くしたクスノキは、燃えるような若緑の「楠若葉」に包まれ、樹体からむくむくとエネルギーが湧き上がるようで、遠望にもまぶしい。夏立つ季節を実感する「若葉時」である。

春と夏の狭間の薄紫

写真⑦－22

晩春の穀雨に咲き始めるフジは、初夏の立夏には花が終わる。入れ替わるように咲くのがキリの花。中国では鳳凰の宿る木とされ、我が国でも宮中に植えられた。皇室の紋章の意匠である気高い花である。シーボルトは、この植物の属名にオランダの大公女の名に因む *Paulowina* を、種小名に皇帝の *imperialis* を捧げた。学名にも高貴さが漂う。

写真⑦－23

キリは岩手の名産。「桐の木に青き花咲き雲はいま夏型をなす　熱疾みし身はあたらしくきみをもふこころはくるし」と、岩手の詩人、宮澤賢治は微かに甘く香る花に託して悲恋を詠う。

キリが咲き終わるのを待ちかねるように咲き出すのがセンダンの花。初夏の空に聳え立つセンダンの大樹。青若葉の淡い紫の霞となって咲く花を「かならず五月五日にあふもをかし」と清少納言は称賛する。

晩春から初夏へと、フジからキリ、そしてセンダンへと、季節を追って咲き進む。薄紫の衣装の役者が皆、里から姿を消す頃、季節は仲夏を迎える。そして、主役は白色の木の花の出番である。

⑧ 小満　気温、湿度が高まり、草木が茂る

・新暦：５月21日～６月５日頃　・旧暦：四月　・和風月名：卯月

小満は新暦の５月21日頃で、太陽の黄経が60度の点を通過する日である。小満とは、「気温、湿度が高まり万物が次第に成長し、草木は天地に生い茂り満ち始める」意である。そろそろ気温は25℃を超える「夏日」が現れ、街行く人もチラホラと半袖に変わり、本格的な夏がもう目前。

「七分袖三分の夏の色香なり」
（雨乃すすき）

晴れ間を生み出す５月の移動性高気圧が北に偏り、南岸に前線が出来てぐずついた空模様になる時、主に関東以西の南岸沿いの地域では「卯月曇」や「卯の花腐（くた）し」の走り梅雨の始まる所もある。春雨と梅雨の中間の霖雨である。旧暦四月を「卯月」と呼び、卯の花（ウツギ）が咲く頃をいう。花期からみれば卯の花はマルバウツギあるいはヒメウツギで、ウツギは現行暦の６月の梅雨が花期だから、これにはあたらないと見る意見もある。

他の地方よりひと月以上も早い沖縄地方では平年の梅雨入りは５月８日頃。小満の頃は既に梅雨の盛りで、この雨期は芒種まで続くことから、「小満芒種」と呼ばれている。

一方、北国の札幌では、５月最後の週末の３日間「ライラックまつり」が行われる。札幌の木・ライラック（仏

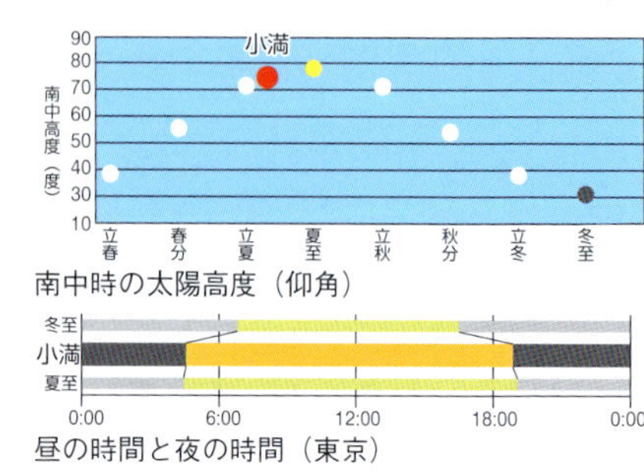

南中時の太陽高度（仰角）

昼の時間と夜の時間（東京）

写真⑧－2

写真⑧－3

名はリラ）は北星学園の創始者、サラ・スミスがアメリカ合衆国から持ち込んだものが始まりで、５月中旬に開花が始まる。この頃に北の高気圧が勢力を強めると、「リラ冷え」と呼ぶ寒の戻りに震えることになる。また、若葉も凍てつくような寒の戻りを「若葉寒む」という。

初夏は雹（ひょう）の降りやすい時期でもある。雹は激しい上昇気流の起こる積乱雲内で生成されるので、積乱雲の発生が多い夏に降りやすいが、地表付近の気温が高いと融解によって大粒の雨に変わるため、盛夏よりも５、６月のほうが多い。積乱雲内を落下する際に氷粒の表面が融解し、再び上昇気流で吹き上がり、融解した表面が凍結することを繰り返すことで、雹は次第に成長していく。霰（あられ）と雹は氷粒の大きさで区別され、霰は直径５㎜未満、雹は直径５㎜以上の氷粒をいう。日本最大の雹の記録は、大正６年６月29日の埼玉県熊谷市の直径29.6㎝、重さ3.4㎏がある。

写真⑧－4

闇夜にカッコウの初鳴きを聞くのは５月中旬頃から。「ポッポに稗播け、カッポに粟播け」は宮崎の、「トットに籾蒔き、カッコに粟蒔き、ホトトギスに田を植よ」は秋田の伝承で、ツツドリ、カッコウ、ホトトギスと、ホトトギス類の渡来時期の差をみて、播種期のよりどころとした。鳥ばかりでなく卯の花、ハナショウブ、ヤブカンゾウなど、初夏に咲く花を「田植え花」と呼び、農事の指標としていた地方は数多いが、農業の近代化でこうした自然暦の存在は忘れられつつある。

写真⑧－5

「蝶蝶のかるみ覚へよ更衣」

（野坡）

小満の末候となれば、東京では夏日（最高気温が25℃を超える日）の割合が半数以上になる。旧暦四月一日（新暦６月１日）は古来より衣替えの日とされ、現代でもこれが受け継がれていて、学生や官公庁などの制服が冬服から夏服へと替わる。寒い時期の絮衣（綿入）、合い服の袷、暑い時期の単衣と衣更したのは、和服が主流の時代であり、これもまた昔語りである。

小満の七十二候

初候「蚕起食桑（かいこおこってくわをくらう）」蚕が盛んに桑の葉を食べ始める　・新暦：５月21日～25日頃

写真⑧－６

蚕が盛んに桑の葉を食べ始める頃である。養蚕は春蚕（はるご）、夏蚕、初秋蚕など、年に３～４回飼育されるが、この春蚕が始まる頃。旧暦四月の異名に「木の葉採り月」がある。これは、蚕に食べさせる桑の葉を採ることに因んでいる。

家養のカイコガは、天然繊維の絹の採取の目的で家畜化されたもので、野生種はいない。野生種のヤママユガの繭から取れる超高級の繊維は、天蚕として珍重視される。ヤママユガの食樹はクヌギ、コナラ、カシワ、シラカシなどで、越冬卵は食樹が芽吹く頃に孵化する。若葉の季節には、食欲旺盛な終齢幼虫を見ることができる。

次候「紅花栄（こうかさかう）」ベニバナが盛んに咲く　・新暦５月26日～30日頃

写真⑧－７

ベニバナの頭花が紅黄色に染まる頃である。花は紅（くれなゐ）の名で染料、化粧品、薬物として広く使われる。推古天皇の時代に、僧・曇徴によって朝鮮半島から日本に伝えられ、各地で栽培されるようになったといわれる。

紅花には黄色と赤の２種類の色素がある。明治に中国産の安価な紅花が輸入されたり、化学染料の普及などで日本の紅花栽培は衰退したが、主に観賞用として、現在も山形などで栽培が行われている。

末候「麦秋生（ばくしゅういたる）」麦が熟して畑は黄金色になる　・新暦：５月31日～６月５日頃

写真⑧－８

秋に播いて冬越した麦が熟して、畑が一面鮮やかな金色に染まる頃である。そろそろ梅雨入りの頃になり、やっと実った麦の穂を濡らさぬよう農家は収穫日が気になる。

「麦の秋さもなき雨にぬれにけり」

（久保田万太郎）

この時期に刈り取るのは「冬小麦」で、前年の秋に播種したものである。春に播いて秋に収穫するのが「春小麦」で、世界の小麦生産の大半を占めている。中世ヨーロッパでは、畑を三分し、春小麦、冬小麦、休耕地をローテーションする農法の三圃式農業が行われた。

冬虫夏草

キノコは秋が盛りだが、冬虫夏草は梅雨時がシーズン。じめじめとした林に入ると、トゲアリに生えるクビオレアリタケという冬虫夏草を見つけた。昭和10年に千葉県で発見されたトゲアリの頸部や胸部に生える珍品である。

冬虫夏草は、中国の宮廷で強精強壮や不老長寿の秘薬として珍重された。十数種類のアミノ酸のほか、カルシウム、鉄、亜鉛、マンガン等の15種もの微量栄養素を含み、制がん作用、免疫力増強などの効果がある魔法のキノコだ。

冬虫夏草はバッカク菌科のキノコ類。バッカク菌はイネ科の花につき、籾が黒い角状に変形する。もちろん、麦にも発生する。それは、貧しい人々がライ麦の栽培を始めた中世のヨーロッパ南西部の出来事。バッカク菌に侵された小麦と知らずに作ったパンを食べ、「聖アントニーの火」と呼ばれる中毒が頻発した。心筋の痙攣と幻覚、癲癇の後、四肢が黒ずみ、脱落する恐怖の奇病だった。麦角から麻薬も作られる。その成分は、わずか10万分の１ｇで幻覚症状を起こす凄まじさだ。

写真⑧－９

虫体に付いた冬虫夏草菌の胞子は、呼吸器、消化器官、関節の皮膚などから体内に入り菌糸を伸ばし、タンパク質、脂肪、体液を栄養に菌核を作り、虫の体を蝕む。菌に侵された昆虫の末期は、人の麦角中毒症のように朦朧となり、迷走して絶命するのだろうか。アリの頸部から伸び出たこの未熟なくさびらは、梅雨の盛りには６～７㎜の子実体となり、子嚢果をつけ、奇妙な屍の芸術作品を完成させ、再び胞子をばらまくのである。

ブルーの惑星

写真⑧－10

アカマツ林に沸き返らんばかりだったハルゼミの大合唱は、梅雨入りも間近となり、寂し気で切れ切れな独唱に変わっている。ウツギの枝先の純白の花には、イチモンジチョウやコハナバチが忙しく飛び回っている。谷川沿いでは、コアジサイの青紫の小花の塊が淡く霞のように浮かび、近づく陰鬱な季節を思うと沈みがちな気分を随分と和らげてくれる。

ユキノシタ科の花々があたりを飾り始めると思い出すのがシチダンカ。薄暗い森の大樹の懐に、淡いブルーの萼(がく)片が小さな惑星のように環状に並んで咲いている。静寂な空気の中で盛りの花を見つめていると、宇宙に迷い込んだように森は幻想の世界へと変貌する。

「紫陽草や帷子(かたびら)時の薄浅黄」
(芭蕉)

シチダンカは神戸の六甲の山中で発見されたヤマアジサイの八重の品種。江戸末期にシーボルトが『フロラ･ヤポニカ』で紹介したが、昭和34年に荒木慶治の再発見まで、だれもこの幻の花を見ることはなかった。今では、挿し木で増殖された株が広まり、アジサイの季節の訪れを知らせるお馴染みの花となっている。

シーボルトが著した図版の葉は広楕円形だが、六甲産のシチダンカの葉は細く、これが真の幻の花なのか疑問視する人もある。現に、広楕円形の野生の品種が他所で発見され、このシチダンカの処遇は揺れ始めている。それはそれとして、今にも降り出しそうな薄明かりの下で、チカチカと輝いている青い花の惑星が、雨の季節の名花であることには変わりはないだろう。

夏
初夏
⑧小満

梅雨はドクダミから

「十薬の雨にうたれてゐるばかり」
（久保田万太郎）

庭のドクダミが咲き出した。片隅の薄暗がりに咲く花は、清楚な純白で淑やかな風情だが、鬱陶しい季節がいよいよ始まるシグナルと思えば、ちょっぴり落ち込んでしまう。生育環境は湿っぽい半日陰。梅雨を代表する植物らしく今庭中に旺盛にはびこっている。抜いても抜いても切れ残った地下茎からどんどん繁殖する。花姿に似ず意外と厄介な雑草である。

もちろん「花びらは四枚」と言いたいのだが、花弁と見える白い部分は実は総苞で、淡黄色の小花が長い塔状の花序に密生する変わった花形をしている。

写真⑧－11

花ばかりでなく匂いも独特で、その素はデカノイルアセトアルデヒドという物質。これには黄色ブドウ球菌、肺炎球菌、白癬菌などの細菌や、ウイルスの活動を抑える効力があるとされている。漢方で「十薬」あるいは「重薬」の名でよく知られる生薬であるのも納得させられる。民間薬としても、干してドクダミ茶で飲んだりする。子どもの頃、湿疹やかぶれ、できものができて、親に生葉や焼いた葉を張ってもらった思い出のある人もいるだろう。それ故、様々な病原が繁殖しやすい梅雨の季節には欠かせない植物なのだから、厄介者の雑草呼ばわりは控えておいたほうが賢明だろう。

梅雨入り香

写真⑧－12

小満も末候に入った里の山を歩くと、どこからともなくむせ返るような生臭い匂いが漂う。梅雨がもうすぐそこまでやって来ていると実感させる、その匂いの主はクリの花である

ただならぬその臭気に誘われ、羽化早速にこの花にやって来るのがアカシジミ。ナラ類の生える雑木林で発生する可憐な里山の妖精の一つである。そのゼフィルスの仲間の先陣として、アカシジミは梅雨入り間近い初夏の林に姿を見せるのである。

クリの新枝の葉腋から伸びる尾状の花序には、ブラシのような長い蕊（しべ）をもった雄花がビッシリと付いている。そこから放たれる強烈な匂いに誘われるのはアカシジミばかりではない。木を覆い尽くすほどに咲き誇るクリの花群には、ハナカミキリ類、ハムシ類、ジョウカイボン類などのコウチュウ、ハナアブ類やツマグロキンバエなどのハエ、アリ類など様々な昆虫が群れ集う。林に拡散される猛烈な匂いは、初夏の昆虫を引き寄せるのに成功しているのである。

やがて、ナラ林で最もお馴染みのもう一つのゼフィルス、ミズイロオナガシジミが発生の最盛期となる頃、クリの花はちらりほらり散り始め、各地で梅雨入りのニュースが聞かれ始める。「墜栗花（ついり）」あるいは「栗花落（つゆり）」は「梅雨入り」を表す言葉である。

写真⑧－13

葉隠

写真⑧－14

写真⑧－15

茫々と生える青草、若い枝葉に覆い尽くされる「新樹」、縦横無尽に枝葉を広げる蔓。小満は植物の緑と活力に充ち溢れる季節である。その豊穣のエネルギーを享受する生きものたちの「忍法葉隠の術」が面白い。

ハンノキの葉を半分に折り曲げ、餃子のような巣を作るミドリシジミの幼虫。木の葉の巣は、隠れ家兼餌で、天敵の目を眩ますお菓子の家だ。青い木の葉になりきるのはヒメジャノメの蛹。ササの葉を餌に成長し、やがて蛹になると、下向きに生える葉に変身する。葉脈のような淡い翅脈が、一層リアルだ。若葉の色に身を染め葉上で獲物を待ち受けるワカバグモ。牙を光らすクモに気づかず葉に止まる昆虫を、「隠遁の術」でまんまと仕留める。葉群れに身を潜めるスズメの巣立ち雛。まだ自由に飛べない雛を、若葉のシェルターが猛禽などの天敵の目から遮ってくれる。

写真⑧－16

写真⑧－17

「武士道と云ふは死ぬ事と見付けたり」で知られる肥前国鍋島藩の武士心得。葉蔭となり己を消し、蔭の奉公を大義とする「葉隠」の思想である。それに引き替え、生きものの葉隠は、他者を騙し、我が命だけを守るエゴイスティックな生き残り戦略で、武士道精神とは真逆の狭量な精神と思えてしまう。だがそれは誤解だ。小さく非力な生きものが、種族維持の手段として獲得した匠の技なのだ。

梅雨の花暦

写真⑧－18

入梅や梅雨明けは気象庁の発表で知るのだが、それを教えてくれる植物がある。それは、梅雨の期間に花が咲くので「梅雨葵」の別名を持つタチアオイ。

天保年間の『世事百談』に「花葵(タチアオイの意)の咲きそむるを入梅とし、だんだん標(すえ)の方に咲き終わるを梅雨のあくるとしるべし」と記している。タチアオイの花の開花は下のほうから始まり、日を追って次第に上へと咲き進む。写真はちょうど梅雨に入った頃の撮影だが、下のほうに数輪咲いているだけである。確かに、入梅の初期だと花の咲き具合から知ることができる。次第に咲き昇って、花茎の頂が開花すると、梅雨も明ける。

里で田植えの最盛期の頃、タニウツギの花が盛りとなる。タニウツギはスイカズラ科タニウツギ属の落葉小高木で、田植えの時期に花が咲くので「田植え花」や「早乙女花」と呼ばれる。地方名の早乙女花の名は、花を下向きに水に浮かべた様子が、菅笠をかぶって田植えしている早乙女に似ていることに因む。和名は山中の沢や谷など湿気のある場所に生育することによる。ウツギ同様、枝の髄部が中空になるのが、名の由来という。

ところで、旧暦四月を卯月というのは、卯の花に因むが、これはヒメウツギかマルバウツギのことだとする説がある。なぜなら、ウツギは旧暦五月の梅雨時期に咲くからというのが根拠らしい。

写真⑧－19

夏
初夏
⑧小満

⑨ 芒種（ぼうしゅ）　麦を刈り、稲を植える

・新暦：６月６日～６月20日頃　・旧暦：五月　・和風月名：皐月

写真⑨－１

芒種は新暦の６月５日～６日頃で、太陽の黄経が75度の点を通過する日である。芒種は、「麦を刈り稲などの芒（のぎ）のある穀物を播種する頃」の意である。梅雨に入ると、種を播いたり、苗を植えたりと田の作業で多忙な頃になる。月名の「皐月」は「早苗月」を略したという説がある。しかし、近年は気象や栽培技術の変化などにより、ほとんどの地方で５月20日前後には田植えを完了する地方が多くなっている。

「植ゑて去る田に黒雲がべつたりと」
（西東三鬼）

芒種は鬱陶しい長雨の季節の只中にある。近畿地方の平年の梅雨入りはちょうど芒種の頃である。最も早いのは沖縄の５月８日頃で、最も遅れる東北北部では６月12日頃。梅雨のない北海道を除いて、南北に長い日本列島全体が、６月の11日頃の雑節の「入梅」には梅雨に入る。入梅は、芒種から５日目、すなわち芒種の後の最初の壬（みずのえ）の日で、新暦の６月６日～15日頃にあたる。立春から数えて135日目にあたる日、太陽の黄経が80度になる時点である。

「色やさし若葉の重み梅雨きたる」
（雨乃すすき）

入梅の頃、日本西部では梅雨を代表

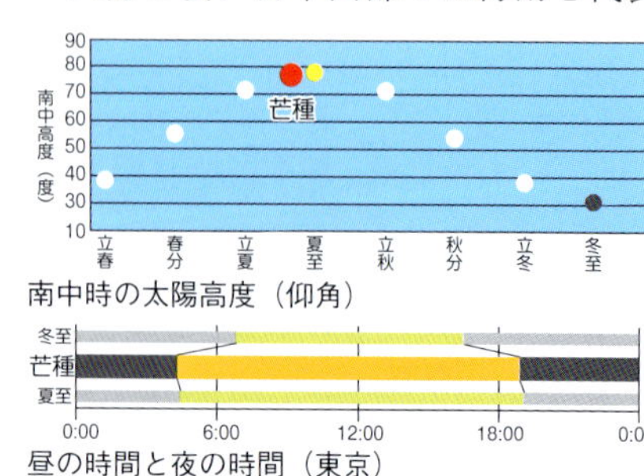

夏　仲夏　⑨芒種

写真⑨－2

写真⑨－3

する花アジサイが咲き始め、「あじさい寺」の別名のある鎌倉の名月院のアジサイも見頃の季節となる。そして、野山ではツユクサ、ホタルブクロ、クマノミズキ、ホオノキなどが花の盛りで、ザクロ、クチナシ、ハナショウブ、ギボウシなどが庭を彩り、湿りがちな気分を慰めてくれる。

写真⑨－4

梅雨の頃、インド洋や南シナ海で南西の季節風が強まると、湿った気流が揚子江南岸域に送り込まれる。この頃の強まった太平洋高気圧がこの前線を北上させ、日本南岸に停滞したのが梅雨前線である。梅雨は揚子江流域から朝鮮半島南部、日本、台湾などに特異な気象現象で、学術用語でも「Baiu」という。

「五月晴れ」は、元々旧暦五月の長雨の晴れ間を指す言葉であるが、現在では新暦５月の清々しい晴天に使われるようになってきた。「五月雨（さつきあめ）」は旧暦五月（新暦の６月）に降り続く長雨のことで、梅雨時の雨を指し、「さみだれ」とも読む。芭蕉の「五月雨をあつめて早し最上川」は奥の細道の旅の途中、元禄二年五月二十九日の山形大石田での歌仙の折の句という。この日は新暦７月15日で、既に水無月。山形の梅雨明けの平年値は７月23日頃であるから、この時の最上川は梅雨末期の豪雨に見舞われる頃と思われるが、曾良の日記によればそれほどの降雨はなかったらしい。芭蕉が詠んだのは、大雨の集まった濁流ではなく、滔々と流れる大河の早さだったのだろうか。

写真⑨－5

６月に入ればアユ漁が解禁になる所が増え、河川には友釣りの長い竿が並ぶようになる。

写真⑨－6

芒種の七十二候

初候「蟷螂生（とうろうしょうず）」カマキリが生まれる　・新暦：6月6日〜10日頃

「カマキリが生まれ始める頃」の意であるが、新潟の調査例では、5月上旬から6月中旬まで、孵化期はひと月半にも及ぶという。

カマキリ類の卵はスポンジ状の卵鞘（卵嚢）で包まれる。オオカマキリの卵鞘の中には100〜200もの卵が入っており、孵化が始まると1時間足らずですべてが孵化を完了する。

写真⑨－7

卵嚢からエビに似た前幼虫が出てくる。頭にはこぶ状の頭頂嚢があり、孵化の際に頭を守るクッションとして働き、これは1、2時間で体に再吸収される。白い糸でぶら下がった前幼虫は、やがて脱皮する。

「蟷螂や生まれてすぐにちりぢりに」（軽部烏頭子）

次候「腐草為螢（ふそうほたるとなる）」腐った草からホタルが現れる　・新暦：6月11日〜15日頃

写真⑨－8

「梅雨の雨で腐った草が蒸れて蛍に変わり、闇に光を放ち始める頃」の意であるが、ゲンジボタルは、水中でカワニナを食べて育った幼虫が、3月下旬〜4月中旬に陸上に上がり、土中で蛹になり、6月初旬頃から土から出て羽化するというのが真実である。

近畿から東海地方あたりまでゲンジボタルの初見日前線が上がって来るのがこの頃で、6月上旬から下旬にかけて各地で発生する。

ホタルの初見日は、各地の気象台や測候所で行う生物季節観測の対象とされているが、都市化による生息環境の減少で、「30年の間に8回以上観測」という平年値に用いる条件を満たさない所が増え、東京、名古屋、大阪など12ヶ所で観測項目から除外されることになった。

末候「梅子黄（うめのみきなり）」梅の実が黄色く熟す　・新暦：6月16日〜20日頃

「梅の実が黄ばんで熟す頃」の意で、青梅が店頭に並ぶようになる。青い梅は梅酒に、黄色味のある完熟した梅は梅干用に使われる。

写真⑨－9

青梅に含まれる青酸は、果実中のアミグダリンという青酸配糖体が、エルムシンという酵素を介して生じる。未熟の青梅に含まれる青酸の致死量は、成人の場合で300個、子どもの場合で100個とされるから、青梅を食べて死ぬことはまずない。エルムシンは、実が未熟の時に多く含まれるが、熟すにつれてアミグダリンの含有量が減るから、青酸も消える。青梅に毒性のあるのは、中の種子が未成熟な時期だけで、野生動物に捕食されない戦略なのである。

早苗月

写真⑨－10

「代掻き」作業で掻き混ぜられた田水は、ミルクティーのような濁り水。苗代で育った元気な「玉苗」の入った「苗籠」が、田植えを待つばかりの「代田」の畦に、置かれている。

「田一枚うへてたちさる柳かな」

（芭蕉）

早乙女がひと指しひと指し植える静かな田植え風景は今はない。田植え機がエンジン音を響かせ、田から田へ疾風のようにあわただしく田植えを終えるのが今風だ。

田植えが終わったばかりの水田を覗くと、若苗は少し傾き加減に満面の田水に沈むように植わっている。根づく前の頼りなげな苗は、水中に半ば潜るように植えられることで、風や寒さを避けられるのである。数日すれば、田水はすっかり澄み、若苗は田の土に馴染んで、田水の中から力強く葉を伸ばし成長するだろう。

写真⑨－11

日々のイネの生育を眺めていると、梅雨後半の陰鬱な空の日々さえ退屈しない。田植えが終わって日の浅いよろめきそうな「植田」の若苗は、瞬く間に濃い草色の「青田」へと変わってゆく。時に「青田風」に吹かれ「青田波」を描き、仲夏の暖気と梅雨の豊富な水の恵みを得て、順調に育つことだろう。

茅花流し

写真⑨－12

芒種の空に拡がる薄雲の切れ間に、時折白い陽が顔を出し、土手のチガヤの穂が金色の矛先のように煌めく。長い絹毛を纏った小穂は、「茅花流し」の風に乗り、白い絮（わた）となって、ふわりと飛び去る。学校の帰り道、チガヤの地下茎を掘り、穂を抜いて遊んだ。乳色の茎を口に含む。仄かに土のにおいを感じ咬めば、微かに甘い汁が口腔に拡がった。

紀女郎は「戯奴（わけ）がためわが手もすまに春の野に　抜ける茅花ぞ食（め）して肥えませ」と、貴公子の大伴家持に戯れの歌を贈った。チガヤの若い花穂は「ツバナ」や「チバナ」と呼ばれ、地下茎とともに食料にされた。成熟した穂は火口に使い、茎や葉は茅葺き屋根の材料に、根茎は漢方薬の「白茅根」で、止血や利尿の薬効で知られる有用な植物であった。

「印南野の浅茅（あさじ）押しなべさ寝る夜の　け長くしあれば家し偲はゆ」は、山部赤人が聖武天皇の随員で、印南野に滞在した時の歌。印南野とは神戸市の西隣の稲美町の古名だ。万葉集には「印南野」「印南野原」「いなみ」の名を詠み込む13首もの歌がある万葉の里である。

今の世にチガヤの根や穂を食み、飢えを満たす人はなく、白い穂の出る季節以外、見向きもされぬ「雑草」だが、1,200年以上もの昔、チガヤを草枕に故郷を思い、星を眺め、長い夜を過ごした大詩人がいたと知れば、雑草とただ一瞥できまい。生暖かく湿っぽい仲夏の風に、つい先ほどまで寝ていた大詩人の温もりと体臭が絮に包まれて漂っている気がするから。

腐った草から生まれる虫

川縁に陽が落ちて半時間、徐々にあたりは漆黒の闇に包まれ、緑を帯びた黄色い光が、川縁の青草の上で、一つ二つ輝き始める。これから２時間、幾筋も細い光跡が乱れ飛ぶ光の宴の開幕だ。

「蛍かご」を手に、川端で蛍を掬い、手のひらで蠢く光と戯れた素朴な遊びも、ましてや「蛍売り」の姿は見ることはない。生息地の激減したゲンジボタルは、今や自然の再構築を謳うビオトープで増やされたものや、放流されたホタルをありがたく鑑賞するのが「蛍見」の主流である。手間と金をかけて育てたホタルだから、触ることなど許されはしない。

写真⑨−13

手に触れホタルの風雅を堪能した時代は、不夜城の今と違い、闇夜は百鬼夜行の世界で、暗闇の光は「火の玉」を思わせる畏怖の光で、山野で修行する神秘な験師(げんじ)と映ったのだ。すべてが腐敗しそうな梅雨の最中に羽化し、神秘に輝くホタルは、水中ではなく、腐った草から生まれると信じられた。だが、それを荒唐無稽な話と笑ってよいのだろうか。

ゲンジボタルは、約２秒で明滅する西日本型、４秒の東日本型、３秒の中間型の遺伝的に異なる個体群が存在する。だが、導入地と遠く離れた人工増殖のホタルを用いた再生事業も多い。これでは、自然愛護や保護ではなく、遺伝の攪乱を進行させる自然破壊に過ぎず、腐った草の中からホタルが生まれると信じた時代より、はるかに非科学的で愚かな行為ではないだろうか。

メタリックグリーンの妖精

写真⑨−14

ハンノキの生える谷津田を歩いていると、人影に驚いたシジミチョウがパッと飛び出した。梅雨最中の芒種の頃に羽化の最盛期を迎えるミドリシジミだ。チョウの愛好家に人気の美麗なゼフィルスの仲間である。

姿の消えたあたりを探すと、翅を閉じ草の葉に止まっていた。暫くすると、少しずつ両翅が開き始める。梅雨空の雲の切れ間の薄日を受け、次第に開く翅の隙間からビリジアンの輝きが毀（こぼ）れる。やがてＶ字に開くと、緑と青の交錯する光を放った。メタリックグリーンの妖精がまばゆい宝石に変わる瞬間だ。

食樹のハンノキは沼地や湿地に生える。かつては田の畦に植え、稲を干す竿を掛ける稲木（稲架木）に使った。また、根粒菌植物であり、肥料木にも活用され、良質の炭の原材料としても利用された。しかし、生育地の沼沢地の開発や稲作の近代化などで、ハンノキは姿を消しつつある。里山でお馴染みだったミドリシジミは、食樹の減少とともに、衰亡の一途を辿り、埼玉県以西の16の都道府県でレッドデータに名を連ねる。緑の衣装に包まれた西風の妖精は姿を消しつつある。一方、高齢化などで山間部の放棄水田が増え、ハンノキの生育地の増加が見られるが、これが美しいチョウに朗報だと、手放しで喜ぶわけにいかない。

写真⑨−15

夏 仲夏 ⑨芒種

月の女神

写真⑨－16

林床にやっと日の光が届く、広葉樹の葉に覆われる梅雨の森。林道から見える木々の奥に、細い枯れ枝に吊り下がる三角に折られた一枚のハンカチ。青い浅緑の光芒。よく見れば羽化途中のオオミズアオであった。もう九割がた翅は伸びていて、時折力んで翅を湾曲させ、翅脈の隅々に体液を送っている。普通、夕方から夜に羽化するはずの夜行性の昆虫が、真昼時に羽化するのは珍しい。

オオミズアオは後翅の先がアゲハチョウのように尾状に伸びる大きなヤママユガの仲間だ。蛾と聞くだけで、蒸し暑い夏、燈火に集まり、大量の鱗粉をまき散らす嫌われ者の「火取虫」を思い出すが、この蛾はその負のイメージを払拭する美しさがある。「その色彩はたしかに日の光によって生まれたものではない。月や星の光、いや、それはやはり幽界の水のいろなのであろうか」と『どくとるマンボウ昆虫記』に北杜夫が記すそのままに、暗い森の一隅に、清楚で妖艶な匂いを漂わせる。学名は *Actias artemis*。すなわち、月の女神アルテミシアだ。「大水青」の和名も美しい。

昆虫の神秘的な形態や色彩の美に感性を刺激され、魂の奥底を揺り動かされたヘッセやネルヴァル。虫の不思議に触れ知的創造を続けた賢人は数多い。皮層的に自然の美を賞賛するだけでは、それ以上のものは得られない。だが、梅雨の暗い森は、すり切れた感性と乏しい眼力しか持ち合わせない筆者にさえ、見るべきものに光を照らし、小さくも輝かしき美神に目を向けさせるのである。

田の草取り虫

田植え後間もない薄緑の若苗は、１週間もすると濃い緑に変わる。その田水の中を動き回る水生生物が見える。カブトエビだ。エビやカニと同じ節足動物のカブトエビ科 *Triopsidae* の仲間で、ミジンコ類に最も近い。よく似たカブトガニと同様、ジュラ紀からほとんど形態が進化しない生きた化石である。目は全部で三つ。中央の目はノープリウス眼と呼ばれ、甲殻類の幼生にあるが、これが成体にも残る点が原始的特徴である。

田に水が入ると、３～５日程度で孵化し、孵化からわずか10日程度で産卵を行う。１～２ヶ月の短い一生である。泥の中に残った卵は乾燥や寒さに強い。卵は、水の抜かれた乾田や雪の積もる冬田に耐え、土中で翌年の田植えまで待つ。カブトエビは水田の雑草を食べ、さらに移動する時に水底の泥をかき混ぜるから、田水が濁って光が遮られ、田の雑草の発芽や生長を抑制するため､「田の草取り虫」と呼ばれる雑草駆除の益虫なのだ。

写真⑨－17

日本には３種のカブトエビ属(*Triops*)が生息する。近畿以西に分布するアジアカブトエビ *T. granarius* と、山形県に分布するヨーロッパカブトエビ *T. cancriformis*、そして、関東以西に分布し、３種の中で最もポピュラーなアメリカカブトエビ *T. longicaudatus* だ。アジアカブトエビは在来種と見られるが、他の２種は移入種。日本での初認記録は、アメリカカブトエビが大正５年に香川県、ヨーロッパカブトエビが昭和23年に酒田市広野である。アメリカカブトエビは、なんと科学雑誌の付録の卵が国内の分布拡大の一因らしい。

⑩ 夏至　立夏から始まる夏の中間点

・新暦：６月21日～７月６日頃　・旧暦：五月　・和風月名：皐月

写真⑩－１

夏至は新暦の６月21日頃で、太陽の黄経が90度の点を通過する日である。太陽は赤道から最も北に離れ、北半球での南中高度が最大となり、一年で昼間の時間が最も長く夜の時間が最も短い日である。しかし、梅雨最中の地方では日照時間（直射日光が地表を照射した時間）が冬至より少なくなったりする。例えば、東京の６月の可照時間（太陽の中心が東の地平線に現れてから西の地平線に没するまでの時間）は435時間で、12月は302時間だが、日照時間は６月・149時間、12月・169時間となっていて、可照時間の短い冬至の頃より、夏至の日照時間のほうがはるかに短くなっている。

「降音や耳もすうなる梅の雨」

（芭蕉）

夏至は夏季の中間にあたり、梅雨の最中の季節でもある。梅雨は、雨が多く湿度が高く、黴が生えやすい時期から「黴雨」で、これが「梅雨」に転訛したという。さらには「露」、あるいは梅の実が熟して潰れる時期から「潰ゆ」と結びついたとする説もある。

６月28日は雨の特異日となっている。芭蕉が「五月雨の降り残してや光堂」を奥州平泉で詠んだのは新暦の６月29日。東北南部も梅雨最中であった。五月雨やどんよりとした梅雨雲の

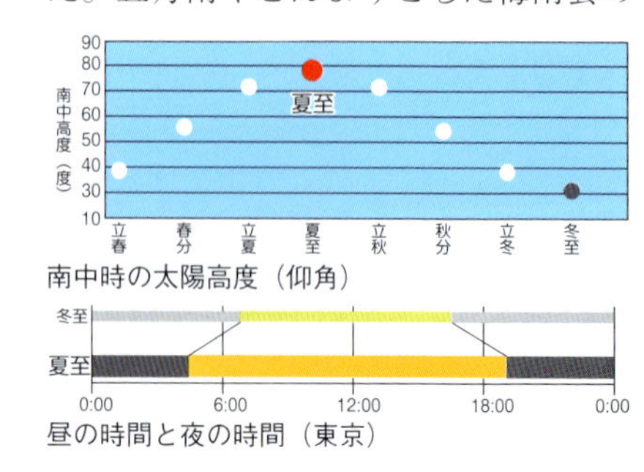

南中時の太陽高度（仰角）

昼の時間と夜の時間（東京）

垂れる日は、部屋の中も木々に覆われた林も、昼間でさえ暗がりのようである。「五月闇」はそのような昼の暗さであり、また漆黒の闇夜をいう。

写真⑩－２

大陸やオホーツク海からの高気圧が本州を覆い、梅雨前線が南に遠ざかり、南の亜熱帯高気圧が一時的に強まることで、梅雨前線が北上して真夏のような「五月晴れ」の炎天が現れることもある。そんな「梅雨の中休み」は嬉しい。梅雨の早い沖縄では、６月23日が平年の梅雨明けで、そして強い日射しの日がずっと続く。

「うれしさや小草影もつ五月晴」

（正岡子規）

梅雨前線に近い所では、暖湿な空気が活発に流入し、積乱雲が発生しやすくなり、雨が集中して激しく降ったり、晴れたりを繰り返す陽性の梅雨となる。これは西日本に見られる梅雨後期に典型の降り方で、「男梅雨」とも

写真⑩－３

写真⑩－４

呼ばれる。一方、梅雨前線の南にある北日本では、寒気の流入による雲が広がり、シトシトと雨が降り続くぐずついた天気となる陰性の梅雨で、「女梅雨」と呼ばれる。梅雨の頃からオホーツク高気圧の出現が多くなり、北日本の太平洋側には冷湿な偏東風が吹く。この風が「やませ」で、低温や日照不足などにより、稲作などの農作物に被害をもたらすことがある。

写真⑩－５　　写真⑩－６

雑節の「半夏」は太陽の黄経が100度になる日で、新暦の７月２日頃にあたる、農業に重要な目安となる日とされ、この日までに田植えを済ませ、この後は田植えをしない習慣があった。この頃は梅雨末期で、「半夏雨」や「半夏水」とも呼ばれる豪雨が降りやすい時期でもある。また「半夏のはげ上がり」は、この頃は大雨が降ってもすぐに晴れ上がるという諺である。

夏至の七十二候

初候「乃東枯（ないとうかるる）」ウツボグサが枯れだす　・新暦：６月21日～26日頃

写真⑩－７

あまたの草木が繁茂する中、乃東のみが枯れていく頃である。乃東とは「夏枯草（かごそう）」の古名とされる。夏枯草は漢方薬に使われ、ウツボグサの漢名とする説がある。ウツボグサは、花穂の形が矢を入れる靫(うつぼ)に似るシソ科の野草である。夏枯草は冬至の頃、芽を出す。そして、他の草が雨と高温の恵みで旺盛に緑の枝葉を広げる夏至に枯れ果てる。これが名の由来という。

次候「菖蒲華（あやめはなさく）」アヤメが咲き始める　・新暦：６月27日～７月１日頃

写真⑩－８

アヤメとショウブはよく混同される。アヤメの花期は５月で、ハナショウブは６月～７月だから､「菖蒲」は後者であろう。ショウブはサトイモ科、アヤメ、カキツバタ、ハナショウブはアヤメ科で、ハナショウブはノハナショウブを改良したものである。

端午の節句の起源は古代中国で、物忌みの月（５月）の厄払い行事を基にしている。端午の「端」は「はじ／最初」で､「午」は「うま」、つまり「５月の最初の午の日」の意。古代中国では、端午の節句に蘭の湯に浸かり、薬草の菖蒲酒を飲み、菖蒲で体のけがれを祓って健康と厄除けを願った。これが後に宮中から鎌倉の武家社会へと拡がった。特に武士は菖蒲を「武を貴ぶ」とかけて、五月五日を尚武の節目の行事とし、端午の節句を祝い、江戸時代に入ると、幕府はこの日を重要な日とし、大名や旗本が式服でお祝い品等を携え、江戸城に出向いた。これ以降、武家に男の子が生まれると、門前に馬印や幟を立て男児誕生を知らせ祝った。

末候「半夏生（はんげしょうず）」カラスビシャクが生え始める　・新暦：７月２日～６日頃

写真⑩－９

半夏が生える頃である。毒草のカラスビシャクが咲き始め、田植えも終わりに近づく。

半夏（はんげ）と聞いて、多くの人が写真⑩－９のドクダミ科のハンゲショウを思い描くに違いない。ちょうど、七十二候の「半夏生」の頃に花が咲き、葉の基半部が白くなる。化粧したように、葉の半分が白化するのがこの植物の語源である。だが本命は、漢名が「半夏」で、サトイモ科のカラスビシャク（烏柄杓）のほうである。

この頃、カラスビシャクは、毒蛇が鎌首をもたげ、細長い舌を出しているかのような奇妙な花を地中からニョッキリと出す。見た目からしてあやしげな花姿だが、正真正銘の毒草だ。

枯れ果てぬ夢

ウツボグサの花に出会うのは大概梅雨の草原で、梅雨盛りの夏至でも枯れることなく花を咲かせている。では何故ウツボグサは「夏枯草」なのだろうか。

夏枯草には腎臓炎、膀胱炎などの利尿剤としての薬効のほか、これに大棗（たいそう）を加え、急性黄疸性肝炎に使い、暑気払いのお茶代わりに飲用され、煎汁のうがいにより口内炎、扁桃炎に効能があり、結膜炎の洗眼液として用いられ、更には生の葉を潰したものや煎じたものを塗れば打撲傷にも効くとされる。ウツボグサに、この夏枯草と同様の薬効があったので、漢方の夏枯草と誤られたのだという。

写真⑩－10

6月頃から盛夏にかけて茎頂に紫色の唇形花を穂状につける。早く咲いたものは盛夏に花穂のみが枯れ褐色になる。花の後、地面に接した部分が四方に枝を分岐して、その枝（ストロン・匍匐枝）が地を這って広がり、先端が翌年の苗となり繁殖し、春から大きな群落となる。この生活史を元に夏枯草と名づけられたという。また、明の李時珍が1596年に上梓した薬学書『本草綱目』は「この草は夏至が過ぎると枯れる。純陽の気を受けたもので、陰気に会えば枯れるからこの名があるのだ」とウツボグサが陽性植物であることを記している。

朝鮮の漢薬店では、夏枯草は「花夏枯草」と呼び、ウツボグサを夏枯草とするのは誤りだという。正しくは、ビャクダン科のカナビキソウだとし、これを「土夏枯草」と呼び、薬効は花夏枯草よりはるかに強いという。夏枯草の真相解明の夢はまだまだ枯れ果てそうにもない。

本家でへそくり

写真⑩－11

季語辞典をひもとけば、ドクダミ科のハンゲショウのことを「半夏生草」と解説してある。「半夏」「半夏生」「半夏生草」と、半夏に纏わる言葉が次々と現れ、ややこしいこと限り無しの「ハンゲショウ」。それは、きっぱりと葉一面に厚化粧しなかった報いに違いない。何事も中途半端はいけない、と我が身を反省しながら、そう思う。

カラスビシャクは庭先や田の畦に生える雑草だが、根茎からは嘔吐を鎮める効用のある生薬の「半夏」が作られる。根茎は臍のあるクリに見えるから、「ヘソクリ」と呼ぶ。農家の主婦はこれを採り、薬種商に売り小金を貯めた。これが「臍繰り」の語源らしい。庭先に幾株かカラスビシャクが生えているから、ちょっと根っこを掘ってみよう。掘るまでもない。地際の茎にムカゴが見えている。正に出臍。小さくて何とも可愛い。球根の姿も気になるから、試しに掘り採って水で洗ってみる。真白い根を十分に張った球根が土塊から現れる。こちらはもっと人の臍そっくり。根茎から幾本も伸びる茎にも、地中に埋まった白い茎の途中にもムカゴが付いている。花が種を作るのはもちろん、葉の基部にもムカゴが出来る。幾重にも仕組まれた繁殖手段である。生き抜くために驚くほど貪欲な植物である。

写真⑩－12

半夏雨

夏至は昼間の時間が一年で一番長いから、地球の地面は陽の光で存分に暖められ、軽くなった大気はどんどん上空に立ち上る。その隙間を埋めるように、アジア周辺の海から立ち上る湿った大気が次々入り込む。これがヒマラヤ・チベットの山脈で上昇気流となって上空に舞い上がり、偏西風やジェット気流に乗ってアジア大陸を覆う梅雨最中の姿である。

３ヶ月にわたり雨が降り続くインドの雨期。釈迦は、爬虫類のたむろするこの時節の托鉢で、僧侶が毒蛇の難に遭わぬよう、寺院の一室に籠もり修行する制度を設けた。仏教の業の「夏安居（げあんご）」はこれに由来している。90日にも及ぶこの業の中間点が半夏。因みに、夏業の終わりを「解夏（げげ）」という。さだまさしの原作による映画『解夏』で、お馴染みになった仏教用語である。

写真⑩－13

七十二候や雑節が農事暦として重要であった時代、半夏はそれまでに田植えを済ませる時節で、この日に雨が降れば「半夏雨」と言い、大雨に見舞われると畏れられた。毎年この時期に、日本のどこかで梅雨末期の大雨による災害が起きるのは現在でも変わりはない。

半夏の前夜は早くに雨戸を立て、井戸の蓋を閉め、竹の子や生野菜を食べるのを避けた。この日の暁に、天から毒気が降る日と信じられた時代の風習である。

半夏蛸や半夏うどんで、天の毒を逃れたのは昔事。四六時中毒物が舞うご時世。天ばかりか世界のどかで戦闘が絶えない。半夏が終わっても、目に見えぬ邪悪な毒が降り続けるのが現世である。

水の玉

写真⑩－14

雨上がりを待って庭に出ると、草木の葉の縁や上に付いた水玉が目に止まる。葉の緑を映して輝く水玉は、梅雨の日の雨上がりの風景にとても相応しいと思う。

さて、露の雨が産んだこの蒼い水玉をどう呼んだら良いのだろう。「水玉」「雫」「水滴」「玉水」「水粒」「水鞠」等々、水の玉を表す言葉は様々だ。しかしいずれにしても、「葉の上で光り輝く水玉」を即座にイメージさせるほどに特化した言葉はないのである。

それなら「露」はどうだろうと。残念ながらこちらは秋の季語。冷却された空気が細かな水滴となって、葉の上などに結んだものが露で、地上と大気の温度差が激しい季節ならではの現象である。

では、葉の縁に溜まった水滴の「滴り」はどうだろう。「滴り」なら夏の季語で間違いないはずと、喜び勇んで歳時記を詳しく読み直してみれば、苔むした岩肌から滴り落ちる清水を指す語であって、雨後の雫などのことではないとご丁寧に書いてある。

「カルピス」の意匠に代表される水色の水玉模様は、暑い夏にとてもお似合いの涼感を誘う意匠なのに、梅雨の雨が作る蒼い「水玉」が夏の季語となるほどに、季節感を漂わせる水玉に因んだ言葉がないのはちょっと意外な気がする。それでも、梅雨空の下でキラリと輝く「蒼い水の玉」が、鬱々とした空気を振り払う、美しく清々しい季節の贈り物であることだけは確かだろう。

梅雨トンボ

写真⑩－15

「蜻蛉生まれ水草水になびきけり」
（久保田万太郎）

幼虫期を水中で過ごすトンボは、水の枯渇の心配のない梅雨期を生育期間とマッチングするよう進化したのだろうか。梅雨盛りの芒種から夏至にかけて羽化するトンボは数多い。赤とんぼを代表するアキアカネやナツアカネもこの時期に成虫になる。

このように仲夏はトンボの盛りの季節に間違いないはず。ところが「蜻蛉」は秋の季語となっていて驚く。これは短歌で秋のものとされていた伝統を俳諧でも取り入れたからである。「赤蜻蛉」は納得できるとしても、オニヤンマやシオカラトンボまで秋の季題として詠まれるのには違和感を覚える。

「蜻蛉の生れて翅脈の金ふるふ」
（雨乃すすき）

それでも、明治以降に「蜻蛉生る」「夏茜」「川蜻蛉」「糸蜻蛉」「おはぐろ蜻蛉」「早苗蜻蛉」が夏の季語に加えられた。そして、石田波郷編の歳時記では「塩辛蜻蛉」を春の季語とした。しかし、現在の多くの歳時記では採用されていない。シオカラトンボは春から秋まで見られ、特に春のものとは認めがたいのが理由だろう。

春だけに見られるシオカラトンボそっくりのトンボがいる。それはシオヤトンボだ。他のトンボに先駆けて早春に姿を見せる。これをシオカラトンボと思い込み、春を象徴するものとしてしまったのだろう。誤謬とはいえ、蜻蛉を秋に限定せず、季題を開拓しようとした試みは評価してもよいのだろう。

白い雨

夕方、突然激しい雨音がするので、庭を覗くと、強風が木々を揺らし、土砂降りの雨が降りしきっている。屋根は、吹きつける雨と流れ落ちる雨が一緒になって、まるでスプレーガンから吹き出る水飛沫のようだ。遠雷が聞こえ、屋根の周りは音をたてて降る雨の飛沫が風に揉まれ、四方八方に飛び散り、あたりは白い霧のようにぼんやりと白んでいる。

写真⑩－16

台風や激しい雷雨で、大粒の雨が激しく降ると、空中で雨同士が衝突したり、物にぶつかったり白い水飛沫を上げる。それが「白い雨」である。

「白雨や戸板おさゆる山の中」
（助童）

「白雨（はくう）」は夕立やにわか雨のことで、「ゆうだち」とも読む。「黒風白雨」は砂塵を巻き上げてあたりを暗くするほどの旋風とともに降る大粒の夕立ちをいう。

「驟雨」は夕立と同じメカニズムで降る雨だが、雨脚は夕立ほど激しくなく、にわか雨程度で終わる雨である。

梅雨末期になると、大量の雨が短期間に集中して降るようになる。この白い雨が降ると、土砂崩れや土石流が起こるという言い伝えもある。梅雨が終わる頃は、豪雨による災害にも注意しなければならないのである。

写真⑩－17

夏　仲夏　⑩夏至

⑪ 小暑　本格的に暑くなり出す

・新暦：７月７日〜22日頃　・旧暦：六月　・和風月名：水無月

写真⑪－１

小暑は、新暦の７月７日頃で、太陽の黄経が105度の点を通過する日である。「本格的に暑くなりだす頃」の意で、この日から暑気に入り「暑中お見舞い」の筆を執れることになる。30℃を超える真夏日が増え、いよいよ夏本番である。

水無月は「水が涸れる月」に由来し、梅雨の明ける月を指しているという説もある一方、田に水が湛えられていることの「水月」に因むという説もある。

７月７日は新暦の七夕。中国においては奇数は縁起の良い数とされ、３月３日（上巳）、５月５日（端午）、９月９日（重陽）のように月と日の数が重なる日を節句、節供などの祝日とした。七夕もその一つである。旧暦の採用により、お盆のように、季節行事がひと月遅れで行われる例もあるが、数を重視した行事は、旧暦の日付をそのまま新暦の日付で行うほうが多い。その結果、新暦の七夕の頃は日本列島の広い地域で梅雨の末期にあたることから、星空を眺められないということになりやすい。一方、旧暦で行う所は、梅雨明け後の快晴の日が続く頃なので、見事な星空に恵まれることが多いのである。統計的にも、８月８日の晴天率は７月７日の２倍程となっている。因みに、７月10日は雨の特異日

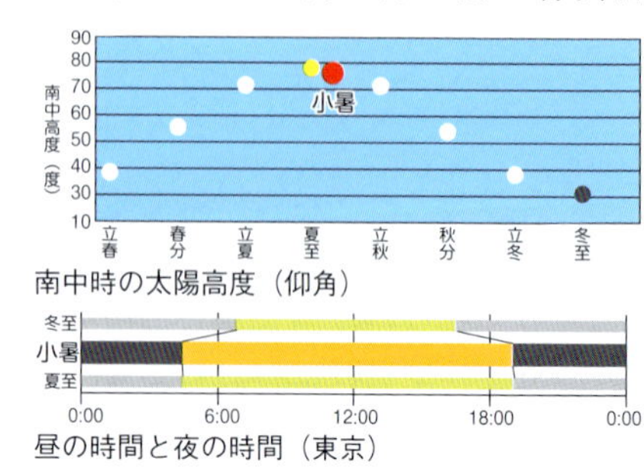

南中時の太陽高度（仰角）

昼の時間と夜の時間（東京）

写真⑪－2

で、８月10日は晴れの特異日になっている。

七夕の頃は梅雨末期の豪雨が起こりやすい。太平洋高気圧の勢力が強まり、湿舌（暖かく湿った空気）が入ることで強い雨を降らせる。また、梅雨前線の南北の動きが比較的ゆっくりで、同じ地域で長く激しい雨が降り、集中豪雨を引き起こすのである。この激しい雨は、七夕の短冊を雨水で綺麗に清めるという言い伝えもある。

小暑の気になれば、日本列島の南から北へと長かった梅雨がようやく明けるようになる。梅雨明けの平年日は九州南部で７月13日頃、関東・甲信で７月20日頃、東北北部で７月27日頃となっている。梅雨明け直後は太平洋高気圧に覆われて、気温が高く晴天の安定した夏らしい日が暫く続くことから、「梅雨明け十日」と言われる。

写真⑪－3

「翅展くダイミョウセセリ小暑なり」

（雨乃すすき）

小暑は野山に虫の溢れる季節でもある。クヌギ林で樹液の出る木を見回ると、梅雨明けを待ちかねたクワガタやオオムラサキが早速に集まり、蝉の声も騒がしくなる頃だ。ひと足早く鳴き出したニイニイゼミに続いてアブラゼミが鳴き始める。温暖化傾向はセミの羽化を早めており、７月中旬に入ればもうクマゼミが羽化し、ミンミンゼミ、それから少し間をおいてヒグラシも交えての大合唱となり、真夏の林は捕虫網を手に虫を追う夏休みの子どもたちを待つばかりだ。

写真⑪－4

ユリ科の植物も賑わう季節。畦や土手に咲くノカンゾウ、ヤブカンゾウ、ユウスゲは、園芸植物でお馴染みのヘメロカリスと同じ*Hemerocallis*属。属名はギリシャ語で「一日限りの美」の意で、ヤブカンゾウの別名の「忘れ草」も同じ由来である。そして、オレンジ色の花弁に濃い斑点を散りばめたオニユリやコオニユリ、芳香を漂わせて大輪の花を咲かせるヤマユリなど、ユリ属（*Lilium*）の花々が山野を彩る頃である。

小暑の七十二候

初候「温風至（おんぷういたる）」温かい風が吹き始める　・新暦：７月７日～11日頃

写真⑪－５

盛夏となり暖かな風が吹いてくる頃である。この頃の最高気温は、東京が27.4℃、名古屋が28.8℃、大阪が29.8℃、福岡が29.4℃とクーラーや冷菓が欲しくなる暑さだが、札幌や仙台では23℃程。北海道では、富良野のラベンダーなど、花が一斉に咲き始める美しく心地よい季節である。しかしこの頃、東北地方が梅雨明けした後、梅雨前線が北上して北海道に停滞すると蝦夷梅雨（えぞつゆ）と呼ばれる梅雨の現象が起きる年もある。

次候「蓮始華（はすはじめてはなさく）」ハスの花が咲き始める　・新暦：７月12日～16日頃

写真⑪－６

６月中旬過ぎにはハスが開花する所も少なくないようだが、小暑から大暑にかけて花盛りを迎える。極楽浄土を象徴するこの「蓮華」の花は、晩夏を代表する花の一つであろう。

花は夜が明けるのを待つようにして咲く。花は毎日開いたり閉じたりを繰り返し、４日で花びらを落とす。開花する時に「ぽっ」と音がするという。それが真実かと、花にマイクをセットするなどして確かめた人もあったが、いずれも音は確認されなかったという。水鳥、カメ、カエル、魚などの出す音を聞き違えたとみられている。

「さわさわと蓮うごかす池の亀」（鬼貫）

熟した褐色のハスの実はアシナガバチの巣にそっくりで、名は「蜂巣」が転訛した。芳香があり、清楚な花姿から君子花とも呼ばれる。

末候「鷹乃学習（たかすなわちがくしゅうす）」今年生まれた鷹が飛翔の練習を始める　・新暦：７月17日～22日頃

写真⑪－７

今年巣立った鷹が飛翔の学習に空を舞い始める頃。オオタカは６月末から７月初旬に雛が巣立つ。巣立ち後も、ひと月ほどは親が餌を与え続けるという。巣立って間もない頃は、巣や、巣立ち雛のいる場所で親から餌をもらう。次第に、餌は地面に置かれるようになり、やがては空中で渡すようになる。こうして巣立ち雛は自ら餌を狩る学習をする。

絶滅の恐れがあるとして、種の保存法の「国内希少野生動植物」に指定されているオオタカだが、個体数の増加を理由に指定解除が検討されている。キジバト、ドバト、ムクドリなどを狩り、公園の高木を利用して繁殖する都市型のオオタカが現れたのも解除の一因なのだろうか。

梅雨明け花

「鬼百合やりんとひらいて蝉のこえ」

（史邦）

写真⑪－８

庭の鉢植えのオニユリが咲いた。近所の野辺に生えていた株のムカゴを採取し、播いて育てたものだ。俯き加減に咲く花を下から覗くと、バックには梅雨晴れの真っ青な空が広がっている。胡麻粒のような黒斑を散りばめた朱色の花弁は、エネルギッシュな夏盛りの空に少しも負けぬ強烈な存在感だ。

花蜜を求める虫たちを誘惑する大輪の花。好んでやって来るのはアゲハの仲間だ。花の奥の蜜を吸えるのは大型で長い口吻をもつアゲハやスズメガしかないだろう。くるりと後ろに反り返る大きな花弁に止まれない花の訪問者は、長く突き出た蕊を足場に蜜を吸うしかないから、花粉は花の思惑どおりに見事に脚や体に付着するわけだ。

これほど炎暑によく似合う花だったのかと、再び花を眺めて気づいたのは、梅雨明けを待ちかねて咲き出したのではということ。我が家のあたりのこの夏の梅雨明けは７月17日。庭のオニユリが一輪咲いたのが翌日の18日。やはり、梅雨明けの指標植物に間違いない。念のために、拙著『「いきもの」前線マップ』のオニユリの頁を開いてみる。事例の四国も能登の付近も、それぞれ梅雨明けの頃が開花日である。どうやらユリは梅雨明けを知らせる「梅雨明け花」と見てよさそうだ。さらに確証を得るために、今後もデータを積み重ねてみよう。

次も梅雨明けの頃咲き始めるユリ科の植物。甘い香りを漂わせ、鮮やかなレモンイエローの花を夕暮れに咲かせるユウスゲ。午前中には萎んでしまう暗がりに咲く花だから、花粉媒介をするのはスズメガなどの大型のガ類なのだろう。

写真⑪－９

中国では３世紀頃から、旧暦の六月二十四日を観蓮節と呼んで、真夏の早朝に友人とともに飲食しながらハスの花を愛でる習慣があり、我が国にも奈良時代初期に伝わり、主に宮中でこの行事が行われていた。今でも、７月20日頃のハスの花の見頃に観蓮節を行う所もある。

日本の各地のハスの花の見頃は７月下旬から上旬。また、九州北部から東北南部の梅雨明けの平均の日付は、７月16日から23日となっている。ハスの花もまた梅雨明けに咲く花のようである。

写真⑪－10

「梅雨葵」の別名を持つタチアオイは「⑧小満」に登場したが、この花が咲き始める頃に梅雨に入る。そして、花茎に咲く花が日を追って次第に上へ咲き昇り、花茎の頂が開花すると、梅雨が明ける標となる。これも梅雨明け花であるだろう。

「枯れ尽くす葵の末や花一つ」

（正岡子規）

病床から子規が見るタチアオイの初夏から晩夏への闘病生活。咲き尽くす時に訪れるのは晴れやかな空ではなく、次第に枯れゆく我が身を悟る日々の記録だと読めば、あまりに悲しい。

梅雨明け蝉

写真⑪－11

夏を代表する昆虫といえばクワガタムシとセミ。そのセミの中で最もポピュラーなのがアブラゼミだろう。拙著『いきもの「前線マップ」』を開いてアブラゼミの初鳴き前線を調べてみると、7月10日から20日頃には九州以北の多くの地域で初鳴きが聞かれる。アブラゼミは小暑を告げ、梅雨明けを知らせるセミである。

しかし、アブラゼミも御多分に漏れず気候の高温化傾向の影響を受けているようで、次第に初鳴き日が早まる傾向をみせている。特に東京、大阪などの大都市はヒートアイランド現象の効果も加わり、一層の早期化をみせている。平成7年以前の大阪では、夏休みの始まりを知らせるように、7月20日頃から鳴き始めていたのが、平成13年には7月4日、同20年には7月7日に記録され、平成7年以降は次第に初鳴き日が早まる傾向にあるようだ。

大都市のアブラゼミは小暑を告げるセミから、夏至のセミになりつつある。

真夏の戦士

写真⑪－12

各地で梅雨明けが聞かれる小暑。灼熱の盛夏の幕開けだ。戦国の武将に劣らぬ勇猛な出で立ちで里山林を闊歩する虫の季節がやって来た。

土の中や枯木の中で、梅雨明けを待ちかねていたコウチュウの蛹がぞくぞく羽化を始めるのである。蛹が潜る立ち枯れ、倒木、土は、梅雨の雨をたっぷり吸って十分に柔らかい。この時期なら、蛹室を囲む木材や土の壁を穿って出るのも容易なのだ。

炎暑をパワーに、重厚で頑強な黒光りする体で旺盛に動き回るカブトムシを石田波郷は「漆黒なり吾汗ばめる」と活写した。蒸せる暗夜の里山。樹液に集まる虫たちの戦いは凄まじい。大顎が巨大化した無敵の角で、餌場のライバルを放り出すクワガタムシ。

髪の毛もぶち切りそうな大顎。天を飛ぶ牛を思わせる立派な触角。安富風生が「黒紋付の男ぶり」と句に詠むのはゴマダラカミキリに違いない。

写真⑪－13

ボロ靴の栄養ドリンク

アサマイチモンジが庭にやって来た。口吻で何度も地面を突いている。続いて鉢の縁や朝露の付いた草木の葉にと吸水に夢中で、飛び去る様子は一向にない。なんと今度は私の泥まみれの靴に止まり吸水行動を始めた。「汚い靴で水を吸うなんて！」と驚くことはない。チョウ類の中には、汗まみれのハイカーのシャツや腕ばかりか尿にまで集まるものもある。

チョウの吸水行動は、「⑫大暑」でも紹介する体温調整が目的と見られている。また、微量元素や塩分などの補給が目的ともいう。吸水行動をするのはほとんどが羽化後間もないオスで、メスが吸水するのは非常に稀だ。だから、吸水行動はオスに必要な成分の補給であり、生殖細胞の発育のためという見方もある。

チョウが動物の尿に集まるのは、その主成分のナトリウム分を摂取しているとみられている。ナトリウムはチョウの飛翔に欠かせない栄養素らしい。それをウスキシロチョウが裏付ける。このチョウには移動性のあるギンモン型と定住性のムモン型の２型がいて、ギンモン型ではオスばかりでなくメスも吸水行動をするからだ。オスは交尾相手のメスを探して広範囲を飛び回るため、必要なナトリウム分を補給しているというのである。

何はともあれ、この熱心な吸汁ぶりをみれば、自慢にはならないが、汗がたっぷりとしみついた我がぼろ靴は、チョウに大切な栄養いっぱいのポカリスエットに劣らぬ栄養ドリンクに違いない！

写真⑪－14

芋の露

写真⑪－15

小暑の気も終わりに近づいた早朝、我が家の菜園に行った。周りの水田のイネの葉には朝露がたっぷり降り、無数の光の粒が白銀に輝いていた。順調に育つ菜園のサトイモの葉にも大小の露の玉が乗っている。暫くそれを見ていると、大きな露を取り囲む小さな露が、大きい露にスッと吸い込まれるように取り込まれ、さらに大きな露の玉になってゆく。葉に朝の陽が当たり始めると、露の粒は隣同士がくっ付き合い、しまいにはもっと大きな「芋の露」になった。

芋の露で連想するのは、飯田蛇笏の「芋の露連山影を正しうす」。小さな露の美しさだけに心惹かれる私のような凡人とは違い、露の玉に映る周辺の雄大な山並みの端整さをも見逃さない。大と小のコントラストを見事に捉え、さらに目の前の露の玉と遙かな山の陰との遠近感をも雄弁に描写してみせる。わずか十七音で風景を活写する俳句に、カメラのレンズは到底かなわない。

ところで、露は秋の季語。なお夏盛りなのにこの時期の露は不似合いかもしれない。しかし、半月もすれば二十四節気の立秋。太陽の運行、気象の変化を先取りして、季節の移ろいを伝えてくれる自然の暦が、晩夏の露がそう的はずれの自然現象ではないと教える。七夕の朝、サトイモの葉の露を集めて習字をする習わしがある。これもまた芋の露が晩夏の景であるいうことなのだろう。

⑫ 大暑　暑さの極み

・新暦：７月23日～８月６日頃　・旧暦：六月　・和風月名：水無月

写真⑫－1

大暑は、新暦の７月23日頃で、太陽の黄経が120度の点を通過する日である。大いに暑くなる季節となる。正に一年中で最も暑さの厳しい酷暑の時期で、昭和８年７月25日に山形市で記録された40.8℃の国内最高気温は、平成19年８月16日に40.9℃が埼玉県熊谷市で記録されるまで74年間更新されることはなかった。

「兎も片耳垂るる大暑かな」

（芥川龍之介）

気象庁で使う暑さを表す用語には、一日の最高気温が25℃以上の「夏日」、30℃以上の「真夏日」、夜間の最低気温が25℃以上の「熱帯夜」があるが、最高気温が35℃以上の日が平成２年以降、都市部を中心に急増したことから、平成19年４月に新たに35℃以上の日の「猛暑日」が設けられた。この年、早くも５月として最高気温となる36.1℃が大分県犬飼で記録された。既に初夏から大暑のような近年の気候異変は怖いほどである。

中国の五行説では、各季節の終わりの18、19日間を、土を支配する「土用」としたが、今では夏の土用のみをいう。夏バテ防止の「土用鰻」は、平賀源内が鰻屋に頼まれて作った「土用の丑の日に鰻を食べると暑さに負けない」のキャッチ・コピーが流行の火種

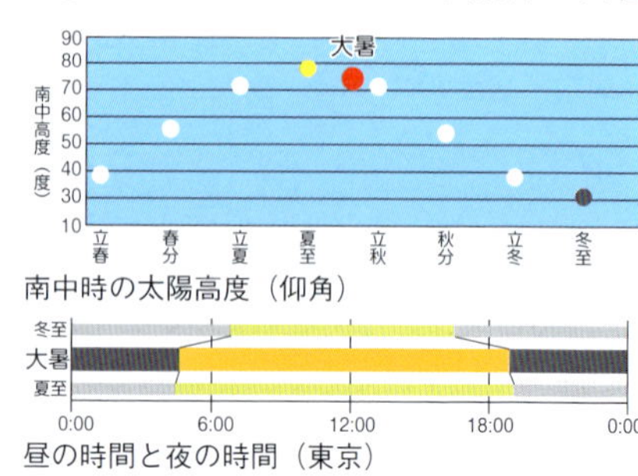

南中時の太陽高度（仰角）

昼の時間と夜の時間（東京）

写真⑫－2

とか。ほかに、「土用餅」「土用しじみ」「土用卵」などを食べて、この猛暑の季節を乗り切る風習があった。また、千葉県の言い伝えではアブラゼミは土用の入りに、ミンミンゼミは中土用に、ツクツクボウシは土用明けに鳴くとして、土用は生物季節の標ともなった。

土用の頃は梅雨明け後の安定した高気圧に覆われ晴天の日が多い。この暑い夏の「土用照り」の日射しはイネの豊作に欠かせない。こんな晴れの日の朝は「土用の朝曇り」だったりする。

この頃、遥か南方海上は、台風の発生の最盛期。暴風域の波が、梅雨開けの真夏の高気圧に覆われて波静かな「土用凪」の海岸に、突然不気味なうねりの「土用波」となって押し寄せる。気象衛星のない時代は、これが台風の発生を知らせた。

暑中の頃の暑い日盛りを英語では

写真⑫－3

“Dog days” と言い、土用の意味合いのある言葉である。「天狼星」の名を持つシリウス（Dog Star）は、冬の星座のおおいぬ座のα（アルファ）星。ギリシャ語で「焼き焦がすもの（あるいは光り輝くもの）」を表す Seirios に因む名のとおりに、太陽を除けば、全天の恒星の中で最も明るい星である。ちょうど夏盛りの頃は、シリウスが太陽と一緒に出没するので、この両方の熱で暑さが厳しくなると考えられた。

写真⑫－4

猛暑の夕立は嬉しい。積乱雲の下降気流の冷たい風が気温を急激に下げ、雨が止めば蒸発する際に地面から気化熱を奪い、暑さを一層和らげてくれる。夕立は、湿度が高く蒸し暑い「油照り」の昼過ぎから日没後数時間までによく発生する。夕立は、数キロメートルから数十キロメートルほどの局地的な雨だから、「馬の背を分ける」や「牛の背の片側には降らない」などと言われたりもする。また、夕立は雷を鳴らすことが多い。積乱雲が成長する時、水滴や氷晶がぶつかり合って発生する静電気が大量に蓄積されるからで、雨が降り出す間際に雷が鳴り出すことが多い。日照り続きの後の久々の夕立は、農家には救いの慈雨。待ち焦がれた「喜雨」である。

大暑の七十二候

初候「桐始結花（きりはじめてはなをむすぶ）」桐の花が結実する　・新暦：７月23日～27日頃

写真⑫－５

５月中旬に咲き出したキリの花が結実し、実がなり始める頃である。

走り梅雨の淡い鉛色の空に咲く薄紫の花は殊に趣がある。葉の展開に先立ち、枝先に大きな円錐花序に多数の筒状鐘形の花がつく。

実は、初めは緑色だが、成熟する10月頃には暗褐色になり二つに割れ、中から膜質の翼のある種子が飛び出す。

中国中部原産で、朝鮮半島を経由し渡来したといわれる。女の子が産まれると苗を植える習いがあった。20～30年で樹高10m程になり、嫁入り箪笥を作れるほどに育つからである。中国では鳳凰の宿る木とされ、我が国でも宮中に植えられ、皇室の紋章となっている。

次候「土潤溽暑（つちうるおいてむしあつし）」土が湿り蒸し暑くなる　・新暦：７月28日～８月１日頃

写真⑫－６

土がしっとりとなり､蒸し暑くなる頃である。「油照り」「脂照り」は、どんよりと曇って風もなく、煮えたぎる熱気の日和をいう。じっとしていてもじわじわと脂汗が吹き出て止まらない。

「ながながと骨が臥てゐる油照」（日野草城）

不快指数は気温と湿度から求める「蒸し暑さ」の指数である。日本人は、不快指数75を超えると人口の１割が不快になり、不快指数85で93％の人が蒸し暑さによる不快感を感じるとされている。

末候「大雨時行（たいうときどきおこなう）」大雨が時に降る　・新暦：８月２日～６日頃

写真⑫－７

「夕立にはしり下るや竹のあり」（内藤丈草）

時々大雨が降ったりする頃となる。強い熱気で発生した上昇気流が上空で冷やされ、俄に激しい夕立の雷雨が襲う頃。

「雷が鳴れば梅雨明ける」と言われる。雷の原因は様々。前線に沿って昼夜に関わらず発生するのが前線雷（界雷）だ。梅雨前線が発達した時も雷が発生するから、雷鳴が鳴れば梅雨明けと即断はできないわけである。もう一つは、地面が日光で熱せられ起きる強い上昇気流によって発生する熱雷である。梅雨の末期、晴れた日の午後などに熱雷が発生すれば梅雨が明けた可能性が高い。

猛暑日のオアシス

連日の猛暑で庭木も枯れそうな様子に、不精者の筆者もさすがに水まきに励まざるをえない。この渇水で昆虫も水に飢えているらしい。水まきが始まると、葉に付いた水滴や俄に出現した水たまりに、いつの間にやら昆虫が集っている。歳時記の晩夏には「葛水」「砂糖水」「清涼飲料水」「氷水」「振舞水」などと人事の季語がずらりと並ぶ。人も昆虫も水中(みずあた)りするほど水気が欲しい極暑である。

驚いたのはモンシロチョウまでもがやって来たこと。キチョウが地面で吸水するのは稀ではないが、同じシロチョウ科でも、モンシロチョウの吸水は珍しい。この日の最高気温は37.2℃。一日の最高気温が35℃以上の日を言う猛暑日となった。モンシロチョウといえ、大暑の茹だるような暑さに耐えかね、庭のオアシスについ誘惑されてしまったのか。

写真⑫－8

「心地よき腹の痛みや暑気くだし」
(原石鼎)

チョウにみられる吸水行動は、高温の日に集中するので、上昇し過ぎた体温を冷ますのが目的とみられている。チョウはこの時、吸水しながら、同時におしりから水を排出するポンピング行動をする。お洒落なチョウには不似合いな、食事をしながら排泄をする下品な姿だが、体温の変化は外気温次第という変温動物のチョウゆえ、こんな無様な恰好で体温調節するしか、ほかに術がないのだ。

昆虫の日避け術

写真⑫－9

酷暑の日々を昆虫はどのようにやり過ごしているのか。容赦ない日照りの野山で日避け戦術を探して歩く。

半ば朦朧として草いきれの野道を彷徨っていると、池に突き出た枯れ枝に、燃えたぎる陽光にも負けぬほど鮮烈な朱色のショウジョウトンボが止まっている。ちょうど太陽の方向に頭を向け、腹部は目一杯天を指している。これこそトンボの日避けの術。これなら、体に当たる光を最少限に抑えられる。六本足の昆虫だから、逆立ちは屁の河童だ。

池の岸の湿った地面に、サンサンと降り注ぐ陽の光より眩しい黄色のキチョウが止まっていた。口吻を伸ばし染み出る水分を吸っている様子。「⑪小暑」で解説したように、チョウの吸水はミネラル補給や体温調節の行動であるとみられている。だが、ここで注目は腹部の真下の細い陰。体の真下に伸びる一線の影は、ショウジョウトンボと同じ戦術の証である。トンボよりずっと偏平なチョウは、一層効果的な日避けになりそうだ。

植物の広い葉陰で潜んでいるのはハラビロカマキリ。炎暑のトンボやチョウからすれば、こちらは避暑地での優雅な緑陰生活といったところか。お尻を上げたポーズは、シスラーの絵の日傘を差したご婦人のようでもある。手抜き、いや、なかなかお洒落な戦術だ。

写真⑫－10

写真⑫－11

セミ論争

写真⑫－12

神社の林を歩くと、ニイニイゼミ、アブラゼミ、クマゼミ、ミンミンゼミ、ツクツクボウシの鳴き声でわき返っていた。大暑の暑さにさらに油を注ぐような有り様である。かつては、夏休みの経過に合わせて鳴くセミの種類が少しずつ変化するものであった。長い休みも終盤に差しかかる頃にツクツクボウシの声を聞き、憂鬱な気分になったのを思い出す。だが最近は、夏休み前に既にクマゼミが鳴き出し、８月になるとすぐに「ツクツクホーシ、ツクツクホーシ」と聞こえてくるから、セミの声で季節を知るのはかなり難しくなってしまった。

セミの声で思い出すのは、芭蕉が元禄二年七月十三日（1689年）に山形の立石寺で作句したという「閑さや岩にしみ入る蝉の声」に纏わるセミの種の特定論争。昭和の初期、夏目漱石の門下生の小宮豊隆は、そのセミの声の主はニイニイゼミであると論じた。虫好きの文学者、北杜夫の父・斎藤茂吉は、それはアブラゼミだと反論し、立石寺のセミの種を特定する二年越しの激しい論争が展開されたという。さぞかし、この社寺林のセミのざわめきにも負けないくらいの凄まじさだったのだろう。ついに茂吉はこれに決着をつけようと、故郷でもある山形のその地に２度も実地検証に赴いたのである。

最初の調査の昭和３年８月３日は既に時期が遅く、「群蝉の鳴きごえが一つになってきこえる趣である」と、そこでは複数のセミが鳴いていて、結論は出なかった。２度目に訪れた昭和５年７月５日と６日は両日とも生憎の雨。「蝉の声などはただの一つも聞こえない」有り様で調査をあえなく断念。しかし茂吉は周到に、その時、現地の人にセミの採集を依頼していた。だが、その後送られたセミの標本は茂吉の意に反してほとんどがニイニイゼミ。わずかにアブラゼミもあったが、その標本を前に自説が誤りであったことを認めざるをえなかった。これでようやく「チーシー……」と鳴くニイニイゼミこそがそのセミの声の主と主張した、漱石の『三四郎』のモデルと言われる小宮に軍配が上がり、セミ論争は解決したのである。

写真⑫－13

地球規模の気候変動や都市熱の影響も相まって、様々なセミたちが一緒くたに鳴き喚く現在の日本の晩夏。大都市を舞台にこのような論争が仮に起こったとすれば、社寺林で鳴き騒ぐこのセミの声以上に凄まじい論争になることは必至。今と比べれば、茂吉の時代は温暖化をもたらす化石燃料の利用も少なく、芭蕉の頃の気象とさほど変わりはなかっただろう。それ故、実証に赴いた北国は、たくさんの種類のセミが同時に発生しておらず、茂吉を惑わすことはなかったことだろう。同時期に５種ものセミが鳴き騒ぐ現代のこの社寺林のような場所が、このセミ論争の舞台でなかったのは幸いなことであったと、目尻に容赦なく入り込む汗を拭きながら、人ごとながら安堵してしまうのである。

炎暑の花

写真⑫－14

晩夏は野山に花の少ない季節である。暑気に人が活力を失うように、植物もまた同じなのだろう。特に樹木の花が寂しい。しかし、街路や公園では、炎暑の中を燃えるように花を咲かせる木々がある。キョウチクトウ、サルスベリ、それにフヨウの花である。

「夾竹桃涼しき陰にゐて眺む」

（佐野良太）

キョウチクトウは、インドの原産で旱魃（かんばつ）や洪水、夏の猛暑が厳しい高山の河原に生える。夏の暑さに強く、耐公害植物として大都市や劣悪な環境に怯まず生育できる。花期は６月から９月と長く、仲夏から晩夏には一層盛んに咲き誇る。枝や葉から出る有毒の白い乳液が出る。インドでは根から強心剤や皮膚病などの薬を作り、人馬を殺すほどの毒性があり、「馬殺し」の名がある。

サルスベリは７月から10月まで絶え間なく咲き続け、「百日紅」の名がある。白花もあるが、真夏の空を背にして咲く紅色の花はより華やかだ。中国南部原産で、江戸時代以前に観賞用として渡来した。

写真⑫－15

ムクゲも７月から10月まで長く咲き続けるから、「無窮花木」の別名をもつ。小アジアか中国の原産とされ、奈良時代に渡来した。初秋の季語で、前２種は仲夏の季語。いずれも渡来種の暑さに滅法強い炎暑の花だ。

土用照り

写真⑫－16

土用は四季の始まりの前の18～19日間で、一年に４度ある。このうちの夏の土用は、平年では７月20日頃から８月６日頃までの期間で、閏年とその翌年は１日遅れの19日が土用の入りとなる。夏の土用が明ければ立秋である。

夏の土用になる頃、イネの幼穂の形成が始まる。梅雨に降った大量の恵みの雨と大暑の日照りが出穂までの順調な生育を約束する。イネの成熟に重要な期間だから、低温や日照不足が続くと豊作は望めない。東北地方に残る「土用十日後先照れば豊年」の言い伝えがそれを教える。一方、天候不順であれば豊作は望めず、「土用潰れ」の米相場の高騰を招くことになる。

現在では土用の丑の日のかば焼きで思い出すに過ぎない土用だが、かつては夏場の農耕と深く関わる重要な時期であった。

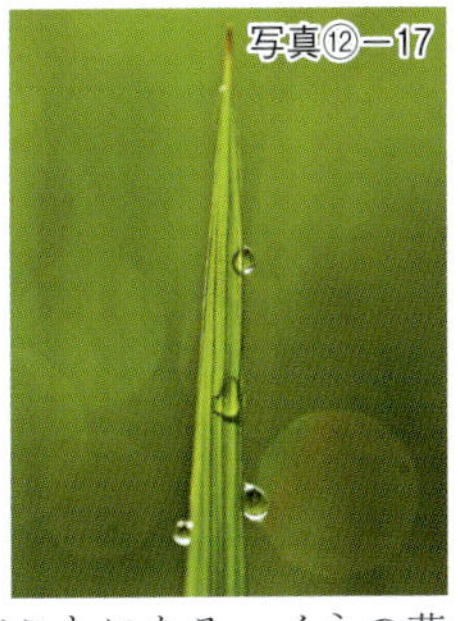
写真⑫－17

出穂を迎えるイネの葉に露の玉が付いていた。水を湛えた田は、猛烈な陽射しで、熱気に満ちた大量の湿気が充満している。それで、朝夕気温が下がればすぐに露を結ぶことになる。イネの葉の縁の夏の露を見ていると、生きもののようにスルスルと縁を上へ上へと登ってゆく露の玉がある。葉の鋸歯が上向きになっているため、周りの小さな露の粒が上に引き寄せられながら合体する現象で、これを「猿子」と呼ぶ地方もある。猿子が度々現れるようになれば、実りの季節にだいぶ近づく。

⑬ 立秋　秋になる時

・新暦：８月７日～22日頃　・旧暦：七月　・和風月名：文月

写真⑬－１

立秋は新暦の８月７日か８日頃で、太陽黄経が135度の点を通過する日である。暦上の秋は、この日から立冬の前日までで、時候の挨拶は、暑中見舞いから、残暑見舞いに変わる時である。

「ヒヨンの木に蟬百匹の残暑かな」
（高浜虚子）

「秋立つ」とは言っても、暑さの頂点の夏休みの真っ只中。毎日のように猛暑に見舞われ、秋とは名ばかりの茹だるような日がなお続く。二十四節気が作られたのは中国の黄河中流域で、暑さのピークは日本よりひと月程早くやって来て、８月上旬にはもうかなり涼しくなる頃で、本場では暦どおりに季節が進んでいる。

しかし仙台の24.5℃、東京の27.3℃、福岡の28.1℃など８月上旬の平均気温をピークに、立秋以降は各地で下降に転じ始めていて、暑さが衰えつつあるのは確かである。

「樹の影のさやかに落ちて今朝の秋」
（雨乃すすき）

心持ちを細やかにしてゆっくりあたりを見渡してみよう。木陰を過る微かな涼風、草は鳴らす涼やかな葉音、空の淡く小さな筋雲。ちょっぴり秋の気配が漂っているのに気づくだろう。上代の歌人、藤原敏行は「秋きぬと目にはさやかに見えねども　風の音にぞお

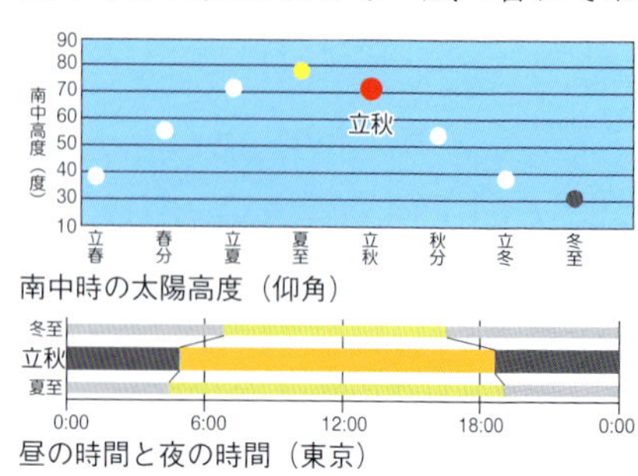

南中時の太陽高度（仰角）

昼の時間と夜の時間（東京）

秋
初秋
⑬立秋

どろかれぬる」と立秋を詠む。間違いなく次の季節へと移ろい始めていることを、二十四節気は季節を早取りして知らせてくれるのである。酷暑に喘ぎながらも、わずかな秋の気配を自然の微妙な変化に見つけ出す私たち日本人の繊細な感性は、豊かな四季に暮らす人だけの贅であり、財産に違いない。

写真⑬－2

「秋たつや川瀬にまじる風の音」

（飯田蛇笏）

勿論、秋の花や秋の虫たちも日長や気温の変化をいち早くキャッチしている。エンマコオロギの初鳴きの平年値は、仙台の8月18日、静岡の8月20日、名古屋の8月19日などと、お盆過ぎのほぼ同じような時期となっている。アキアカネも収穫の終わった水田に茜色に姿を変え、避暑地の高山などからそろそろ舞い降りて来る頃である。中部以北では、秋の七草の一つの

写真⑬－3

ヤマハギが、8月上・中旬には既に開花していて、秋の風情は北から南へと次第次第に漂って来る。

「野茨にからまる萩のさかりかな」

（芥川龍之介）

旧暦の七月十五日前後の4日間に行われるお盆・盂蘭盆会（うらぼんえ）は、先祖の霊を祀る仏事である。明治の暦法改正以降、関東などでは新暦7月に、西日本では8月に行われるようになったが、学校や会社の夏休みと重なることから、現在では8月の月遅れのお盆が主流になって来ている。

「肩先に泊つてきつちきつちかな」

（小林一茶）

旧盆の頃に草原を走り回る子どもらの行く先々で、キチキチと鳴きながら紫色の腹を見せて飛び立つ大きなバッタはショウリョウ（精霊）バッタだ。また、空を埋め尽くすほどのオレンジ色のトンボが群れ飛んでいた子どもの頃の思い出。それは盆トンボと呼ばれるウスバキトンボである。いずれも祖霊を迎えるお盆の頃によく見かけるようになる秋の到来を告げる昆虫である。

写真⑬－4

立秋の七十二候

初候「涼風至（りょうふういたる）」涼しい風が立ち始める　・新暦：８月７日～12日頃

写真⑬－５

涼しい風が立ち始める頃である。二十四節気の作成された中国内陸部では、この頃暖気が衰え始め、秋彼岸の頃の涼しさだが、我が国では暦の秋の始まりの頃でも、なお太平洋高気圧の勢力は衰えない暑さの頂点にあり、涼風を感じるのはまだまだ先にお預けである。

それでも、日増しに早まる日没は、陽の光が確かに衰え始めたことを教える。「秋暑し」の日々は続いても、仰ぎ見る空の雲や、木陰を通る風の中に昨日とは違う「今朝の秋」や「今日の秋」を感じる。

次候「寒蝉鳴（かんせんなく）」ヒグラシが鳴き始める　・新暦８月13日～17日頃

写真⑬－６

「ヒグラシが鳴き始める頃」の意。本州でヒグラシが鳴き出すのは７月上～中旬で、秋に入って鳴き始めるわけではない。夏場はたくさんの個体で合唱するが、秋に入れば数も減る。「カナカナ……」と弱々しく鳴く寂しげな声は詩情がある。それを中世の歌人が好んで詠んだので、俳諧でも秋の季語として使われるようになった。早朝、夕暮れ、曇りの日など、残暑も衰える時に聞こえる涼しげな響きにも初秋の風情が感じられる。

ヒグラシ、ツクツクボウシは秋の季語だが、「秋の蝉」はアブラゼミやクマゼミなどの夏の蝉が、秋になっても鳴いている哀れさをいう。

末候「蒙霧升降（ふかききりまとう）」濃い霧が立ち込め始める　・新暦：８月18日～22日頃

写真⑬－７

「深い霧がもうもうと立ちこめるようになる頃」の意。気象観測では、霧は視程１km未満、視程１～10kmで相対湿度が50％以上の時が靄、50％未満の時を煙霧としている。

霞、霧、靄は同じく大気を浮遊する微細な水滴で、違いは濃さの程度によるが、歳時記では霧は秋、霞は春の季語、そして「冬の霞」「寒霞」は冬の季語である。万葉の時代には、霧は秋を限定するものではなかったが、平安末期には秋の景物として詠まれるようになった。

気象学でいう霧は一年中発生する。海霧は梅雨の頃に発生しやすいので夏の季語とされている。一方、内陸の霧は秋に最も濃くなるので秋の季語とされている。

盆花

「盆花」はお盆に供える花のことで、この時期に近くの野山に咲いている花を採って、盆棚や墓地を飾る。ミソハギ、キキョウ、オミナエシ、ハス、オトコエシ、ヒヨドリバナ、コマツナギ、ナデシコ、ホオズキ、タケニグサ、ススキ、ハギ類、ユリ類など、使われる野花は地方によって様々で、「仏花」「精霊花」「盆供」などとも呼ばれる。盆花採りを「盆花迎え」「盆花取り」「花迎え」などと呼ぶ地方もあり、13日の迎え盆までに供えて、祖霊、先祖の霊を迎える準備をする。

７月７日（七夕盆）を盆花採りの日としている地方もある。この日に墓を掃除し花を飾り、集落の草を刈り盆道を作り、村中をきれいに清めるという習わしの地域も多い。七夕流しをはじめとするこの日の水祭りは、七夕が盂蘭盆会の始めの清めの日であり、七夕は盆と深い関わりのある行事とみることができる。

盆花として各地で最もよく使われるのがミソハギ。里山の田の縁や池の傍の明るい湿地を赤紫の花で飾る。地面から群生する細い箒の先のような茎に、花の塊を段上に咲かせる、いまだ酷暑の残る野花の少ない時節の貴重な花でもあった。

写真⑬－８

写真⑬－９

この花には「オショライバナ」「ショーラエバナ」「ショーロバナ」「コーシンバナ」「ホトケサンバナ」「ボングサ」など、盆との深い関わりを連想させる地方名がある。さらに「ミズカケバナ」「ミソギ」もあり、清めや、精霊を迎える儀式の時、ミソハギの枝を水につけて禊を行ったことに因んでいる。ミソハギをはじめとする盆花は、供養のために飾られる供花にとどまらず、祖霊の依代とみられていたのである。

烈日の美花

写真⑬－10

庭のキキョウが次々と咲いている。花期は７月～９月だが、各地で立秋の前後に盛りを迎える。北海道から琉球諸島まで、明るい草地に生える馴染みの野草である。風船のような蕾を潰して鳴らし遊んだという人も多いだろう。

中村汀女が「烈日の美しかりし」と句に描写するキキョウは、色気の中に力強さが漂う艶やかな花である。山上憶良の「萩の花尾花葛花瞿麦の花女郎花また藤袴朝貌の花」の「朝貌の花」は、ヒルガオ、ムクゲなどとする説があるが、現在はキキョウが定説のようだ。

蕾を潰すとポンと鳴る。また、花の中に蟻を入れて花弁を噛ませると、蟻の口から出るギ酸で、紫の花の色素であるアントシアンが変色して赤く変わるのを楽しむ「蟻の火吹き」で遊んだキキョウ。かつては秋の野で馴染みの花だったはずなのに、最近はほとんどお目にかからない。筆者の歩くあたりだけの事情だろうかと、植物の詳しい人に会うごとにそのことを尋ねると、やはり少なくなったと誰もが答える。

キキョウの貴重性をインターネットで調べて驚いた。環境省のレッドデータでは絶滅危惧Ⅱ類（ＶＵ）で、３県を除いて、各府県でレッドリストに名を連ねる貴重植物になっているではないか。

残暑の野に美しく凛と咲く花かと思いきや、日本の多くの草原で、キキョウは烈日に辛うじて生きながらえる、か弱き薄命の花となってしまっているようだ。

蒼色の複眼

写真⑬―11

このところ庭にシオカラトンボが住み着いて、しまい忘れの支柱を根城に行ったり来たりを繰り返している。

「蜻蛉や杭を離るる事二寸」

（夏目漱石）

淡い褐色に黒い斑紋のメスを、麦わらの色に似るので俗にムギワラトンボと呼ぶ。これをシオカラトンボとは別の種類と思う人も多いが、塩をまぶしたような青い体のシオカラトンボと同じ正真正銘の「シオカラトンボ」なのだ。羽化後間もないオスは麦わら色のメスによく似るが、成熟につれ青みを帯びた灰色になり、白粉で覆われた立派なオスのシオカラトンボとなる。成熟したオスの色彩は、まるで白い塩を絡めた塩辛昆布のようなので「塩辛蜻蛉」の名がついた。

世の中に変わり種は尽きない。稀に、メスでオスと同じ塩辛色の個体もいる。オスの複眼は蒼色。オス型のメスは普通のメスと同じ緑。だから、目をよく観ればダマされない。人も虫も女好きが多いのは一緒のようだ。普通、オスの縄張りにオスが来ればすぐさま追い払う。でも、オス型のメスは追い出されることはなく、しっかり縄張りに受け入れるというから面白い。オスは目をちゃんとチェックしていたのですね。

さて、シオカラトンボを筆頭にオニヤンマ、ギンヤンマ、ハグロトンボなど、トンボの多くは夏に盛んに活動しているが、トンボは秋の季語となっている。トンボといえば赤とんぼのイメージが群を抜く。それが秋の季語である理由らしい。

赤とんぼ・死の彷徨

子どもの頃、８月の旧盆の頃になると、オレンジ色の赤とんぼが空を埋め尽くすほど飛んでいた。「精霊蜻蛉」「盆蜻蛉」とも呼ばれるウスバキトンボである。背中に仏様が乗っているから捕まえたり殺したりしてはならないと、祖父に戒められた記憶がある。

ウスバキトンボは毎年春に南方から飛来し、主に水田で繁殖を繰り返し個体数を増やす。この間、ウンカなどのイネの害虫を捕食し、秋の実りに貢献する。水田から湧くように発生するから、赤とんぼは豊穣のシンボル的存在であり、さらに、南方という他界から祖霊を乗せてやって来る、神性を持つトンボとして大切にされたようだ。

ウスバキトンボは毎年南方から飛来して来るから、ツバメなどの夏鳥と同じく秋に再び南方に帰ると思うだろうが、渡り鳥とは違い秋になっても南下しない。春にやって来た親から生まれた子が次々に世代を重ね、日本列島を次第に北上してゆく。そして冬になれば、寒さで皆死滅してしまう。渡り鳥とは異なり無惨な一方通行の死の旅を毎年繰り返している。

写真⑬―12

無意味と思える死の旅路だが、ようやく子孫の繁栄に貢献する時がやって来たのか？　今日の温暖化傾向がこのまま続くなら、このトンボの越冬可能な地域は確実に拡大するだろう。一見無駄に見える死の北進が、実は種の繁栄の戦略であって、それがようやく時を得つつあるのかもしれない。しかしそれは、多くの生きものにとって不幸の始まりかもしれない。

イネの花

写真⑬－13

イネを早期栽培する地方では、お盆休みは家族総出での稲刈りの所もあるが、普通作ではやっと花の時期である。イネがいつ咲くかは、田植え時期とは別に、品種特有の、主に花成ホルモンのフロリゲンという植物ホルモンの量が関係する。

イネの花は、稲穂が茎から出てくる出穂の当日か翌日で、晴れた日の午前中に順次開花する。殻が開き始めると６本のおしべが出て、伸びきった頃、めしべの先が出て来る。花粉の寿命はわずか２～３分で、受粉が終わるとおしべを外に残して殻を閉じる。開花せずに籾の中で受粉できるが、葯が中に残ると内部で腐敗し品質が低下する。開花は１～３時間と短いから、イネの花を見る機会は少ない。

イネの花を見ているとハナアブなどの昆虫が集まっている。風媒花なのに昆虫がたくさん集まるのは不思議だ。その水田にツバメの群がイネの波の上を何度も往復して飛び回る姿がある。よく見ると、群飛しているのは開花中の田の所ばかり。イネの花に集まる昆虫を狙って、ツバメが採餌にやって来たようだ。

イネは風媒花だから昆虫は訪花しないと疑わなかったが、風媒花のトウモロコシの雄花にもやはりハチやハナアブが集まる。これは蜜が目当てではなく、花粉を集めに来るのである。イネにも小さくとも花粉はあるから、昆虫がやって来るのも当然なことだろう。

虫媒花に代表される動物媒花は、蜜のない風媒花の花粉を目当てに集まる訪花者が、結果的に花粉媒介者となることが起源であることをイネの花は教えている。

鰯雲

写真⑬－14

写真⑬－15

秋立つとはいえなお暫くは厳しい残暑の中にある。「かまきりの虚空をにらむ残暑哉」（北枝）と真夏のような空が恨めしいが、その天が高く見えるのは秋の気配かもしれない。

その気配を重ねるうちに、ふと点を仰げば透き通るような白いほつれ雲が浮かんでいる。

「秋立の雲の動きのなつかしき」

（高浜虚子）

鰯雲は秋の雲の象徴。前線付近に生じ、ごく微細な氷の結晶が集まった雲で、7,000～10,000mの高度に発生する巻積雲の一種である。鰯雲が出来るのは、秋になりジェット気流が南下した証で、秋の訪れを知らせる雲である。

「鰯雲日和いよいよ定まりぬ」

（高浜虚子）

鰯雲が現れ海が荒れ模様の時、イワシの大漁があると言われている。鰯雲を生む巻積雲は、移動性高気圧が去り、西から低気圧が近づく時に現れやすい。

鰯雲では対流が生じていて、縞や斑の形に変わりやすい。規則的に並ぶ魚の鱗に見えるものを鱗雲、サバの斑点のように見えるのを鯖雲と呼び、秋サバの漁の頃、よく出るという。

写真⑬－16

⑭ 処暑　暑さがおさまる

・新暦：８月23日～９月７日頃　・旧暦：七月　・和風月名：文月

写真⑭ー１

処暑は新暦の８月23日頃で、太陽黄経が150度の点を通過する日。「暑さがようやくおさまる頃」の意。東京の最高気温の平均値は、８月中旬までは31℃を超えているが、９月上旬頃から29℃まで下がり、寝苦しい熱帯夜に悩まされることも少なくなる。未だ気温が高いとはいえ、二十四節気の暦どおりに暑さが峠を越えるのは確かである。

「やうやうに残る暑さも萩の露」

（高浜虚子）

処暑になると、クズ、ノアズキ、ネコハギのほか、ヌスビトハギ類、ハギ類などの秋咲きのマメ科の花が咲き始める。東京のハギの開花の平年日は９月３日、ススキは９月１日で、野は秋の花で賑やかな季節となる。

「いくもどりつばさそよがすあきつかな」

（飯田蛇笏）

アキアカネの初見日は、気象庁の生物季節観測の平年値によれば、仙台が８月24日、長野が９月３日、宇都宮が９月４日、甲府が９月５日などと、処暑の頃に各地で姿を見せ始める。ちなみに、最も早い記録は、山形の８月14日で、最も遅い記録は名古屋の10月９日となっている。春の生きもの前線は南から北へと進むが、秋は逆に北から南へと進んでゆく。

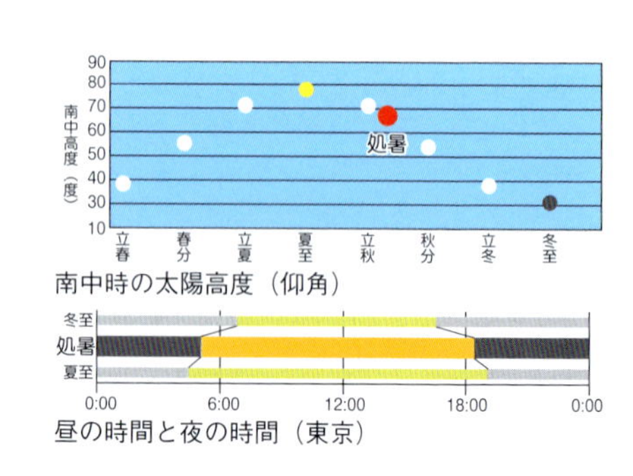

南中時の太陽高度（仰角）

昼の時間と夜の時間（東京）

写真⑭－2

環境省と首都大学東京による平成19年８月の調査によれば、東京の都心では最高気温が35℃以上の「猛暑日」が８日あったが、皇居では２日だけで、平均気温も周辺に比べて平均1.8℃低かったという。コンクリートやアスファルトが昼間に吸収した熱の放出で、夜間の気温が下がらないヒートアイランドとは異なり、都心にありながら広大な緑地に包まれた皇居は、東京で真っ先に処暑を実感できる場所のようだ。厳しい残暑は、やはり自然破壊のツケだろうか。

写真⑭－3

「枝少し鳴らして二百十日かな」
（尾崎紅葉）

新暦の９月１日頃は雑節の二百十日にあたる。関東大震災の起きたのは大正12年９月１日。昔から八朔（旧暦八月一日）や二百二十日とともに三大厄日とされる天候の荒れる日として恐れられてきた。過去に日本に上陸した台風の数は、７月下旬から９月下旬頃に多く、８月下旬と二百二十日を過ぎた９月下旬に二つのピークがある。海外では、2005年８月29日、米国南東部沿岸を襲ったハリケーン「カトリーナ」が、ルイジアナ州ニューオーリンズの多くの地域を水没させ、1,500人の犠牲者を出す悲惨な気象災害となった。

写真⑭－4

９月１日は防災の日。大震災の教訓と同時に、処暑の前後は台風災害に充分な注意が必要な時期である。

雑節（p.15参照）の二百十日は、日本で初めて和暦を編纂した渋川春海の貞享改暦（1684）から採用されるようになったという。渋川は、冲方丁のベストセラー小説で映画化もされ話題となった『天地明察』のモデルである。

写真⑭－5

処暑の七十二候

初候「綿柎開（めんぷひらく）」ワタの萼が開き始める　・新暦：８月23日～27日頃

写真⑭－６

ワタの開花期は８月から10月までと長い。ワタはムクゲやオクラなどと同じアオイ科の植物。これらの植物は咲く花の少ない炎暑の季節に、キョウチクトウやサルスベリなどとともに旺盛に咲き続ける数少ない花である。

日本にワタが伝来したのは600年程前で、江戸時代から明治時代にかけてコメと並ぶ重要な農作物だったが、新大陸綿などの輸入綿に押されて衰退し、ドライフラワーや観賞用として栽培される園芸種以外で、花を見る機会は少なくなってしまった。

世界の熱帯・亜熱帯に約40種類が分布するが、日本で栽培されていたのはアジアワタの系統であった。アメリカ産のアップランド綿は、メキシコなど中米地域の野生種を品種改良したもので、現在世界中で生産されている綿花の90％以上を占める。

次候「天地始粛（てんちはじめてしゅくす）」暑さがようやく鎮まる　・新暦：８月28日～９月１日頃

写真⑭－７

暑さがようやく鎮まる頃。エンマコオロギが盛んに鳴き出していて、秋が一歩進んだことを実感する。残暑も少しおさまり、「朝夕涼しくなりました」と挨拶を交わす言葉に、猛暑の季節をやり過ごした安堵感が滲む。

「新涼やさらりと乾く足の裏」（日野草城）

長い暑さの日々が続いた、ひょっと冷気を感じる時、新鮮で心地よい気分になるのである。そのような秋になって初めて感じる涼しさが新涼である。

末候「禾乃登（こくものすなわちのぼる）」穀物が実る　・新暦９月２日～７日頃

写真⑭－８

粟や稲などの穀物が実る頃。かつては９月末頃が米の収穫時期だった東北地方だが、今では、９月上旬までには収穫が終わっている。これには温暖化傾向の影響があるのだろう。

８月から９月にかけての水稲登熟期の高温化は、白未熟粒の増加や充実不足による米の品質低下を引き起こし問題となっている。一方、北海道や北東北では米の生育適地となり、東北や北越に代わる優良米産地となっている。

登熟期の高温障害に悩まされていた早場米産地の九州では、高温に強い品種の育種が進み、こちらも優良米産地が増えている。

秋の七草

写真⑭－9

「秋の野に咲きたる花を指折りてかき数ふれば七種の花」「芽子の花尾花葛花瞿麦の花女郎花また藤袴朝貌の花」は、山上憶良の『万葉集』の「秋の野の花を詠める二首」。これが秋の七草の原点とされている。

筆頭に詠まれるのは萩。中国ではヨモギ類の意の「萩」は、ハギを表す国字であり、我が国では秋の花の象徴である証といえるだろう。万葉人が最もよく観賞したのはウメとハギで、集歌のハギは141首と数多い万葉の植物の中で群を抜き、サクラの３倍近く詠まれている。

写真⑭－10

写真⑭－11

ヤマハギは国内では、北海道から九州で最も普通に生えるハギ類の代表。古くから萩として親しまれるのは、ヤマハギ亜属の総称で、国内に約13種が分布する。花枝が蒔絵の筆法のように伸びるマキエハギ、葉が楕円で先が少しへこみ、蝶型花が葉腋にかたまってつくマルバハギ、花は薄黄色で旗弁と翼弁が紫紅色を帯びるキハギ、旗弁と翼弁が白色を帯びるツクシハギなどがよく見られる野生種である。

「朝貌の花」はムクゲ説、ヒルガオ説などがあるが、「⑬立秋」で登場したキキョウが有力とされている。また、藤袴は中国原産で、日本では自生しないことから、サワヒヨドリやヒヨドリバナではないかとする説がある。

十五夜を飾る赤みを帯びた真赭（まそほ）のススキは、まだ穂が解けず、正に獣の尾のようだが、やがて十数条の穂をはらりと拡げ、黄色い葯をつけた花が咲く。穂は秋風に舞って花粉を飛ばし、受粉を終えると風で傷まないように再び穂を閉じ、種が熟すのを待つ。

写真⑭－12

写真⑭－13

ススキはカヤとも呼ばれ、牛馬の馬草や農耕用の肥料、茅葺の材料として、戦前の農村に欠かせない植物だったが、農耕の近代化や瓦の普及などで、ススキは見捨てられ、萱場は急速に姿を消している。河原や空き地などどこでも目にしたごくありふれた植物は、気がつけば、わざわざ探して見つける存在になってしまっているのかもしれない。

立秋で登場したキキョウ、そしてオミナエシやナデシコ（カワラナデシコ）も秋の野から次第に姿を消そうとしている。秋の七草は人手によって維持されてきた草地に依存して命をつなぐ里山の生物の象徴でもあるのだ。

写真⑭－14

夜のパートナーはだあれ？

お盆を過ぎる頃から花を咲かせるキカラスウリ。昼間は花を閉じて丸くしぼんだまま。カラスウリ類の花は一般の花と違い、夜から明け方に咲く変わり者である。

透け透けの花姿は、昆虫を引き寄せる工夫だ。暗い夜は大きく白い花が目立つはず。隙間だらけでも良いから、思いっきり大きく花冠の先の裂片を伸ばし、レース状の花に進化した。花弁は見せかけとはいえ大輪で、やはり距（きょ）も長く、奥の蜜源まで口吻が届く昆虫は限られる。蜜を与える代償に受粉媒介して欲しいのは長い口吻を持つ昆虫だけ。そう、夜に活動し長い口吻とくればスズメガに決まりだ。

スズメガは太い体なので、激しく翅を羽ばたかせ続けないと飛べないため、活発に活動できるよう胸部の筋肉をを38℃の高温に暖めている。そのエネルギー源に大量の蜜が必要である。そこで、蜜をたっぷり溜め込んだカラスウリの花は理想的なのだ。蕊（しべ）は筒の入り口にあり、奥の蜜を吸おうとするススメガの頭部に花粉がたっぷり付く仕組みだ。しかも、数秒で次々に花から花へ吸蜜を続けるから、花粉を効率よく拡散してくれる。スズメガはカラスウリにとってこれ以上ない受粉のパートナーなのだ。

その花と昆虫の共進化のストーリーを垣間見ようと、花の前で待機してみた。しかし、待てど暮らせど姿は見せず、他の昆虫すら来はしなかった。そこでキカラスウリの受粉について調べてみた。キカラスウリはカラスウリと異なり、朝方まで花が咲くという。花と昆虫の生態の権威・田中肇さんでさえ、夜の観察で受粉の様子を確認したことはなく、早朝などに吸蜜者がやって来る可能性を示唆している。その進化のストーリーを見るにはどうもかなりの忍耐と努力がいるようである。

写真⑭－15

赤とんぼ・男子の舞妓さん

写真⑭－16

茜色、赤褐色、柿色、朱色など赤い色で初秋の里山を彩るのは赤とんぼ。写真⑭－16はその赤とんぼの一種のマイコアカネ。オスは成熟すると、顔がどうらんを塗った舞妓さんのように青白くなり、男子であっても「舞子茜」と呼ばれる。

マイコアカネは池や田んぼの周りの湿地の泥水に幼虫がいて、成虫は畦などの草地付近で姿を見かける。

舞妓さんのそっくりさんがいる。その名はマユタテアカネ（眉立茜）。名のとおり、顔に眉状の黒い二つの斑紋がある。眉状の模様がマイコアカネにもあって、この２種はとてもそっくり。違いは胸の中央付近の斑紋で、２本筋なのがマユタテアカネ、３本筋ならマイコアカネと一目瞭然だ。

写真⑭－17

マユタテアカネの幼虫は、少し流れのある泥の中に棲み、成虫は林の際でよく見かける。こちらはマイコアカネよりやや山寄りが好みのようで、同じ里山の住人同士だが、水の流れや植生の微妙な違いで２種が棲み分けている。

これで眉斑のある赤とんぼならお任せといきたいところだが、日本には眉斑のある赤とんぼ類が５、６種あるからさぁ大変。さらにマユタテアカネはメスの翅端が黒味を帯びたタイプもあって、後述のノシメトンボやコノシメトンボ、リスアカネなどと実に紛らわしい。だが、マイコアカネの場合と同様に、胸の斑紋を見れば種を区別できるのでご安心を。

しかし、眉や胸の紋を細かく観察しながらでは、のんびりと赤とんぼの舞う初秋を楽しむなんて、とても無理ですね。

キリギリス

写真⑭－18

猛暑の晩夏、炎天下の河原でキリギリスを探す。あちこちで「ギーッ、チョン」と鳴く縄張りの声。声のほうへ足を向けた途端に鳴き止む。では、と次の声に近づくが、やはり同じこと。何度も挑戦し、ついには炎暑に降参し退散だ。

姿を見るには仕掛けがいる。主流は、タマネギやネギを餌にする方法。餌を串刺しして招き寄せたり、鳴き声のあたりに釣りの要領で紐に餌を吊るし捕まえる。驚くべき方法もある。草原で森進一の歌を朗々と歌い呼び集める名人がいるらしい。音痴な私なら間違いなく逃げられるから、タマネギの串刺しを試したが、１匹が餌に近づいただけで失敗だ。

夏場が活動の盛りで、23℃以上あれば夜でも盛んに鳴く。熱帯夜の続く昨今、キリギリスは大喜びに違いないが、なかなか姿を見せてはくれない。

仲秋が近づき鳴く声は激減。秋の虫とは名ばかりだが、夏の汚名返上をすべく、最後のチャンスと野に出る。幸い２、３ヶ所で声がする。忍び足で近づく。夏は遠距離でも声が止むのに、距離を縮めても鳴き止む気配はない。かなり接近し、また一歩寄った。ついに草の上で鳴くお目当ての虫を発見！　真夏の苦労がウソのようにあっけない。猛暑の間は草陰に潜み、気温が下がる秋場は暖かな陽のあたる所へ現れるようだ。秋の季語なのは、この季節だからこそ、声の主を拝めるチャンスが増えるということだったのだと納得である。

宿題終わったか！

「ツクヽヽボーシツクヽヽボーシバカリナリ」
（正岡子規）

ツクツクボウシは「法師蝉」「寒蝉」「つくしこいし」「おしいつくつく」などと呼ばれる初秋を代表する馴染みの昆虫である。

我が家の周辺では、お盆の頃からツクツクボウシが鳴き始める。他のセミと異なり、気温の最も高い時期に羽化が始まる。処暑に入ると最低気温が25℃を下回るようになり、やっと熱帯夜から解放され暑さも一息つき、緑陰のあちこちから聞こえてくるツクツクボウシの鳴き声に涼感を覚える。宿題を忘れて遊びほうけた子どもたちには、夏休みの終焉がもう目前であることを伝える警鐘に聞こえ、後悔とやるせなさが募ってくるだろう。

観察会に集まった子どもに、家の周辺にどんなセミが多いかと尋ねてみた。街の子はクマゼミばかりと答え、少し山手の子はアブラゼミが多く、ミンミンゼミの声も時々聞くと答える。ツクツクボウシは里山や木が多く植えられた公園に生息するが、クマゼミとは異なり、街中の街路樹ではほとんど発生しない。局地的に生息する東北以北では川岸のヤナギに依存するというから、元来湿り気の多い環境を好むセミのようである。

写真⑭－19

高温化で乾燥の進む街中は、ツクツクボウシの住みにくい環境になって、街の子はなかなか出会えないセミとなった。「宿題は終わったか」と休みの終わりが近いことを知らせるセミがいなくなって困りはしないかと、街の子にちょっと同情したくなる。

⑮ 白露　秋めいて、白露を結ぶ

・新暦：９月８日～22日頃　・旧暦：八月　・和風月名：葉月

写真⑮ー1

白露は新暦の９月７日か８日頃で、太陽黄経が165度の点を通過する日。朝晩の涼しさに秋の訪れを知る頃。草の葉の先に結んだ露が白玉のように美しい。

夏日の続いた都心の残暑も一息つき、最低気温がそろそろ20℃を割り込む日も訪れる。風のないよく晴れた夜は、大気が冷やされ、水蒸気が凝結して、草木や地表の物体に水滴を作る。夜間の気温降下の大きい夜ほど、早朝にたっぷりの露が見られるが、この時期は夏の湿った大気が残っていて、さらに夜長で冷え込みが強まるために露を結びやすいのである。

旧暦の八月十五日は十五夜。新暦では、９月中旬から下旬頃の満月の「中秋の名月」を観賞する。収穫を感謝する農耕の感謝祭の一つで、芋を供えることから、８月15日の月を「芋名月」、９月13日の後の月には栗や枝豆を供えるので、「栗名月」「豆名月」の呼び名もある。この名月の頃、潮位が最も高くなる。

秋分に近く、太陽の引力と月の引力が一直線に並ぶからで、この９月の満月と新月の頃の満潮は「葉月潮」と呼ばれる。

「名月や門にさしくる潮頭」（芭蕉）

二百二十日（新暦の９月11日頃）は、

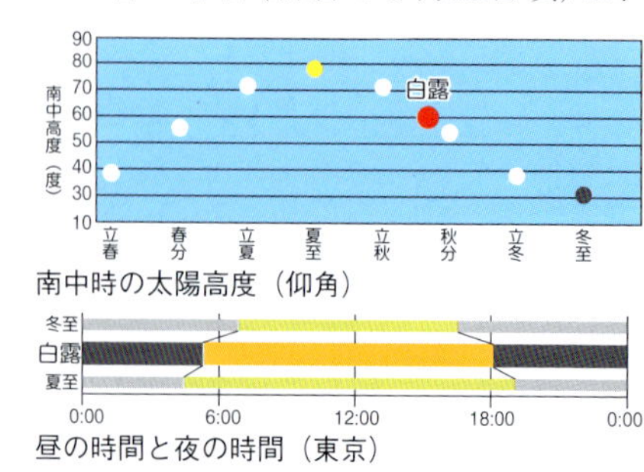

南中時の太陽高度（仰角）

昼の時間と夜の時間（東京）

二百十日と同様に天候の荒れる厄日とされるが、実際、これ以降に大型の台風の襲来が多い。台風が接近すると気圧が下がるため潮位が上がる。これと葉月潮の大潮が重なると、暴風で海面が陸に吹き寄せられて、高潮による災害を引き起こしやすくなる。

「ひたぶるに風吹く末の花野かな」

（雨乃すすき）

大型台風が襲来する特異日は９月17日頃と26日頃で、昭和９年９月21日の室戸台風、同20年９月17日の枕崎台風、同34年９月26日の伊勢湾台風は、「昭和の三大台風」と呼ばれるが、いずれも特異日とその間に起きている。しかし、昭和35年以降ではこの日の接近や上陸数は少なくなってきている。

写真⑮－２

「秋の雨しづかに午前をはりけり」

（日野草城）

秋は、清々しい秋晴れの日が多いと思いがちだが、東京における白露の晴天率は33％、秋分は27％と晴れの日はかなり少ないのが実態である。安定した秋晴れが続くのは10月後半以降のことになる。東京の晴天率は梅雨時に次いで、白露と秋分が低くなっていて、晴天率ばかりか降水量も梅雨時より９月、10月のほうが多くなっている。この時期になると、台風が東寄りのコースを通るようになり、さらに本州の南

写真⑮－３

岸沖に秋雨前線が停滞するから、特に東日本では降水量が多くなりやすい。

「月の雨静かに雨を聞く夜かな」

（河東碧梧桐）

写真⑮－４

この前線による雨が「秋の長雨」や「秋霖」である。このため名月を見られるチャンスも少なくなりがちだ。歳時記を開けば「中秋無月」「曇る名月」「雨名月」「雨の月」など「無月」の季語が並ぶ。観月の機会は十五夜に限らない。早々と「十四夜月」を愛でる手もあり、これがだめなら「十六夜」「立待月」「居待月」「臥待月」「更待月」と月見のチャンスは一度限りではない。

写真⑮－５

白露の七十二候

初候「草露白（そうろしろし）」草の露が白く見える　・新暦：９月８日～12日頃

写真⑮－６

『枕草子』の「秋深き庭の浅茅に露のいろいろ玉のやうにて置きたる」は、草についた露が白く見える頃の風景だろうか。風がなくよく晴れた日は、放射冷却により冷え込み、特に露を結びやすい気象条件になる。「夜露の多いのは晴れ」「草木に露がないときは雨」はこのことをよく表した諺である。

実際には、白露の頃は秋霖や台風の影響で晴天が少ない。そのため、美しく白露に濡れた草を見る機会が増えるのは、気候が安定するもう少し先のことになる。

次候「鶺鴒鳴（せきれいなく）」セキレイが鳴き始める　・新暦：９月13日～17日頃

写真⑮－７

セキレイが鳴き始める頃である。

セグロセキレイは留鳥で日本固有種。主にオスが防衛する縄張りの中でペアで一年中暮らしている。多くの留鳥は繁殖期のみ縄張りを作り、冬は群れで過ごす。しかし、セグロセキレイは冬場の餌場の確保と翌年の繁殖のために縄張りを解くことはしない。

繁殖期は３月中旬から６月で、孵化後３ヶ月経つと、若いオスはすぐに縄張りを作る。ちょうど仲秋の頃、オス同士の縄張り争いが激しくなり、鳴く声がよく聞かれるのであろう。

末候「玄鳥去（げんちょうさる）」ツバメが南下する　・新暦：９月18日～22日頃

写真⑮－８

玄鳥（つばめ）が南に帰ってゆく頃である。秋は夏鳥が南方に帰り、冬鳥が北方から越冬にやって来る季節である。夏鳥の代表がツバメで、冬鳥の代表がガン、すなわち「燕雁代飛」である。

関東地方では、９月下旬から10月上旬までに、越冬地の中国南部、台湾、フィリピンなどの東南アジア方面へ渡るが、一部は本州の中部地方以南の暖地で越冬する。「越冬ツバメ」は夏に日本で繁殖した個体が冬になっても居残っているのではなく、冬鳥として東シベリアやサハリンから日本に越冬の目的で南下して来た群れだという研究報告もある。

菊の節供

9月9日は「重陽の節供」で、「重九（ちょうく）の節供」「菊の節供」とも呼ばれる五節供（節句）の一つである。1月7日、3月3日、5月5日、7月7日とともに、中国の陰陽説では奇数（陽の数）の並ぶ日は縁起の良い日とされ祝日とされた。一番大きな9が重なる9月9日は、「陽の極まった数の重日」で、邪気を払い長命を願う。

重陽の節供は、平安時代初期に日本に伝来し、宮中行事として菊を眺める「観菊の宴」を開き、菊酒を飲み詩歌を詠んで長寿を祈った。江戸時代には、この日に諸大名が江戸城に集まり菊酒を飲み、栗飯を食べ菊花を観賞したという。

写真⑮－9

写真⑮－10

菊は不老長寿の妙薬として、菊にかぶせておいた綿で顔を拭き無病息災を祈った。また、早朝に菊花にたまった朝露（菊水）を飲むと長寿に効能があるとされ、菊酒を飲む風習もある。

中国の4世紀の『西京雑記（せいけいざっき）』に「菊花開く時、並びに茎、葉を採り、黍、米と雑（まじ）えて之を醸す。来年九月九日に至り、始めて熟し就いて飲む」と菊酒の製法が記されているという。すなわち、前年の秋の菊で菊酒を仕込み、翌年の重陽の節供に出来立ての菊酒をいただくというのである。今でこそ早咲きの品種や、園芸技術の進歩により年中菊の花を見ることができるが、この時期としては、古代の人にとっていささか季節はずれの花をどうして調達していたのかという疑問はこれで氷塊するのである。

「菊の日や盛りは後の事ながら」（闌更）

中秋の名月

旧暦の行事は、新暦に日取りを直したり、旧暦どおりの日取りで行われたりと一定ではない。旧暦五月五日の端午や旧暦七月七日の七夕などの五節供は暦日の数字に関わる日であるので、日取りは新暦で行われることが多い。

写真⑮－11

旧暦八月十五日の十五夜は、月齢に関わる行事だから、新暦では秋分の日に最も近い満月の日に、月遅れの日取りで行われるのである。この満月が中秋の名月で、かねて月を眺めることのあまりない人でもしばし夜空に目を向けることだろう。

「十三夜」は、中秋の名月から約1ヶ月後に巡って来る旧暦九月十三日のお月見のことで、昔の人はこれを「後の月」と言って、満月以上に美しいと観月に耽ったそうである。この両方の名月を併せて「二夜の月」と呼ぶ。

写真⑮－12

中秋の名月だけ観て、後の月を観ないのを「片月見」と言い、縁起が悪いと忌み嫌ったそうだ。中秋の名月の観月は、中国の中秋節の行事が由来だが、十三夜の観月は日本独特の風習である。宇多法皇が九月十三夜の月を「無双」と賞して愛でたのが始まりとか、醍醐天皇の時代に開かれた観月の宴が風習の始まりともいわれている。

赤とんぼ・熨斗目蜻蛉

稲の実りの季節によく目にするノシメトンボ。翅先に斑のある６種の国産のアカトンボの一種だ。その「ノシメ」の意味が気になり調べてみた。

一番多いのは、腹部の模様を「腰の部分だけ模様のある織物の一種の熨斗目（のしめ）に見立てた」とする説。次は、翅先の模様を、同じくその織物の柄に見立てた説。翅先の模様を贈り物につける熨斗の形に見立てる説もある。さらに、顔が平らなので、「平たくした目」の意の「のし目」説まで諸説紛々。

写真⑮－13

上述の織物を詳しく書けばこうである。経を生糸、緯を練り糸で織った平らな縮みのない織物が熨斗目で、腰と袖の部分だけ縞や格子模様がある織物（熨斗目織り）もそう呼ぶ。この柄は、熨斗目色（少しくすんだ藍染めの青で、鉄色系の藍色）と白との縞模様の小袖（腰替り）が一般的で、柄は腰の部分だけのものが主だが、全体が縞のものもあった。江戸時代、これで仕立てた小袖を武家の男子の礼装用に用いた。

ノシメの意味を知ると「トンボの腹部の模様」説は腑に落ちない。腹部の模様は特別このトンボだけではなく、ほかのトンボでもあるパターンだ。どうやら翅の柄に着目した説に軍配が上がりそうだ。Ｖ字に翅を広げたノシメトンボを、斜め横から透かし見てみよう。羽根先の４つの柄が縞模様に並び、熨斗目の小袖の柄に見えるだろう。１枚の翅だけではなく、４枚の翅を並べて見た熨斗目模様をあてたのだと、やっと納得。

スズメバチにご用心

「トイレにスズメバチがいるよ！」と家人が血相を変えて呼びに来た。ドアを開けて覗くと、ブンブンと凄まじい羽音で飛んでいる。退治しないことにはトイレは使用禁止のまま。早々捕虫網で捕獲開始だ。壁に這うように飛ぶハチを丸い枠の網で掬うのは思いのほか難儀な作業だったが、背中に冷や汗をかきかき、ようやく網に収めることができた。

絶命させてよく見たら、尻が黒っぽく、やや小振りなのでヒメスズメバチとわかった。小型だがオオスズメバチに次いで毒性が強い。尻を見ると毒針が飛び出ている。毒針を取り出して観ると、注射針のように真っすぐではなく、先が少し湾曲している。敵に脚で取り付き尻の先を曲げて刺すのに適した形なのだろう。

写真⑮－14

９月中旬頃、スズメバチ類の新女王バチは羽化する。この時期は、巣を防衛する働きバチは過敏で、巣に近づくのは危険だ。敵が巣に接近する音や振動を察知すると、見張りが顎を「カチカチ」と鳴らして向かってくる。この警戒音を聞いたら逃げるが勝ち。さらに近づいたり、追い払うと、警戒フェロモンを含んだ毒液を振りかける。こうなると、フェロモンに反応した数百匹のハチが、巣から飛び出しいっせいに攻撃してくる。

警戒フェロモンは香水などの化粧品と同様の成分を含み、スズメバチを興奮させる恐れがある。10月以降は、新女王は交尾と越冬のため巣から飛び去るので、巣の働きバチは次第に減少するが、おしゃれな山好きさんは、９月から10月のスズメバチの活動の活発な時期は、お化粧は控えめがよさそうですね。

案山子

黄金色にざわめく稲穂の海原に立つ案山子の古びた麦わら帽子の上を、無数の赤とんぼが銀色に羽を輝かせて飛び交う。ひと昔前、どこでも見られた秋の田園風景である。竹などで十字に組んだ骨組みに、浴衣を着せ唐傘を被せた「へのへのもへじ」の人形がお馴染みだ。案山子は、悪い霊がもたらすという鳥獣害を祓い、村を守る神でもあった。

写真⑮－15

鳥獣の害を防ぐ目的で田畑に設ける仕掛けを総称して「案山子」と呼ぶ。基本は「脅し」にある。人型ばかりでなく、人の髪の毛、魚の頭、獣肉などを焼き焦がした串を地に立てたり、肉食獣の屎尿などを撒いてイノシシなどの獣害を防ぐものもある。この「嗅がし」や「かがし」が「かかし」の語源とも言われ、本来の案山子の形とする考えもある。

さらに、鳴子、添水（そうず）などの古くから使われてきた「鹿おどし」に代表される、強打音や爆音で威嚇して鳥獣を追い払うタイプもある。案山子は「鹿驚」とも表記され、添水は日本庭園の装飾としても設置されている。

「案山子立つ山懐の細き畑」

（雨乃すすき）

戦後の高度経済成長の中、農業も例外でなく効率化を求められた。悠長に田起こしする牛の姿も、早乙女が田植え歌を歌いながら農作業する情緒溢れる光景も、いつしかその波にかき消され、様々に工夫された田の守り神である案山子の姿を見ることも少なくなってしまった。

蓼盛り

稲穂がたわわに実る頃、花穂に紅紫色の小花がぎっしりと集まって咲くイヌタデ。稲刈りよりも早くその花の収穫にやって来るのは、手に小さなお椀を持った女の子。摘んだ花穂をしごいて花の粒を山もり盛れば、可愛い赤飯の出来上がり。

「赤のまんま」「赤まんま」と呼ばれるイヌタデはよく知られた野の花の一つである。役立たずやつまらぬものの名に冠する「犬」。この植物も子どものままごと以外には益のない無用もの扱いをされている。

では有用なほうは何かといえばヤナギタデ。別名を「本蓼」あるいは「真蓼」と呼ぶ。本物である理由は、刺身のツマやアユの塩焼きに付き物の蓼酢など、古くから香辛料として使われる大切な食材だから。

写真⑮－16

写真⑮－17

「おとろへる暑さのさびし蓼の花」

（増田龍雨）

本物、偽物はさておき、夏のあの暑さを忘れかける仲秋に花盛りを迎える蓼の仲間は数多い。水辺や湿地に桜に似た花色で咲くサクラタデ、ヤナギタデに似ているが葉が辛くないボンドクタデ（愚鈍者蓼）に藍染めの染料となるアイもまた蓼の仲間だ。林の縁などに生える長い紐のような花穂のミズヒキの仲間も忘れてはならない。それに夏から咲き続けている、茎や葉柄の棘を触ると痛いからと気の毒な名を持つママコノシリヌグイ、溝や小川の縁を埋めるように繁茂するミゾソバ、灌木のように草丈の大きなイタドリなど、里は蓼の花で賑わう季節だ。

ヤナギタデの学名は *Polygonum hydropiper* L. で、属名は「茎に多くの膨らんだ節がある」意で、種小名は水に生えるコショウのこと。上に登場した蓼は皆 *Polygonum* 属の植物である。

⑯ 秋分　立秋から始まる秋の中間点

・新暦：９月23日～10月７日頃　・旧暦：八月　・和風月名：葉月

写真⑯－１

秋分は新暦の９月23日頃で、太陽黄経が180度の点（秋分点）を通過する日。春分と同様に、この日は昼夜の長さがほぼ同じになり、この日を境に夜が次第に長くなり始める。

秋分は、「秋彼岸」の「彼岸の中日」で、３日前の日を「彼岸の入り」、３日後を「彼岸の明け」と言う。彼岸は、梵語（ぼんご）の波羅蜜多（はらみた）を漢訳した「到彼岸（とうひがん）」による仏教用語である。阿弥陀仏の極楽浄土は「西」にあるとされている。春分と秋分は、太陽が真東から昇り、真西に沈む。この日の夕陽は「西方浄土」への道（白道）の道しるべ。彼岸にある先祖を供養し、まだ辿り着けずにいる人が早く辿り着けるように祈るのがお墓詣りなどの彼岸の仏事となった。国民の祝日の秋分の日の趣旨には「祖先をうやまい、なくなった人々をしのぶ」とある。

「草川のそよりともせぬ曼珠沙華」

（飯田蛇笏）

彼岸で思い浮かぶのはヒガンバナ。名の由来は秋彼岸の頃咲くからで、気象庁の気象官署（気象台・測候所）で行っている生物季節観測データでも、本州の多くの地域で彼岸の前後に咲き始めているから、その名に偽りはないようだ。

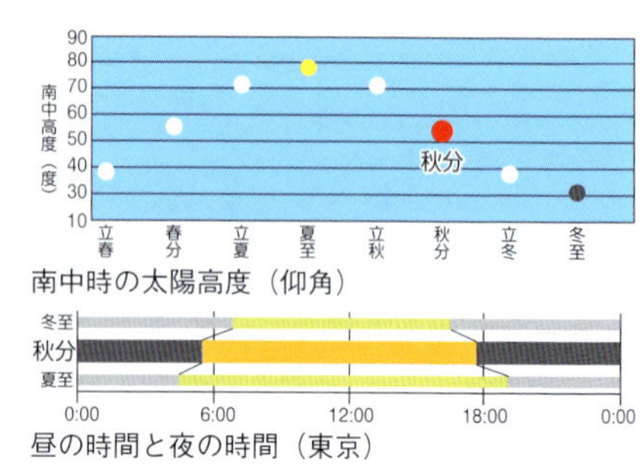

南中時の太陽高度（仰角）

昼の時間と夜の時間（東京）

写真⑯－2

東京の秋の最高気温の下がり幅を見ると、立秋から処暑で1.0℃、処暑から白露で2.2℃、白露から秋分で3.3℃、秋分から寒露で2.7℃と、秋分の頃の下がり幅が最も大きい。「暑さ寒さも彼岸まで」のように、東京では秋分の頃から、日中の最高気温が25℃以上の夏日はすっかり影を潜め、最低気温が20℃を下回るようになる。この頃の平均気温は22℃以下となり、実態としても季節の分かれ目である。

「秋蝉の一日一日の確かなる」

（雨乃すすき）

写真⑯－3

「をしこめて秋の哀にしづむかな麓の里の夕霧のそこ」と秋情を式子内親王は詠った。秋は、湿度が高く朝晩の温度差が大きいことから、朝霧や夕霧が発生しやすい。霧や靄は、地表や水面近くの大気中の水蒸気が、露点以下に下がり凝結して微細な水滴になり、空気中を浮遊する現象だ。雲は同じ現象が上空で起こり発生する。秋の二十四節気には、霧と同じような条件で発生する露と霜に関連した白露、寒露、霜降が、秋分を挟んで並ぶ。また、「霧」は秋の季語だが、万葉の頃の詩歌では季節に関係なく「霧」が使われた。秋は「霧」、春は「霞」と区別するのは平安時代以降のことである。

写真⑯－4

「颱風が日本列島の尾を掴む」

（日野草城）

台風もまたこの時期に多い。日本に上陸した台風のピークは８月下旬で、二つ目のピークが９月下旬だ。昭和34年の伊勢湾台風では5,098人、同29年の洞爺丸台風では1,761人の死者・行方不明者の大参事を引き起こしたが、いずれも９月26日に上陸している。さらに、昭和33年の同日に伊豆半島に大接近した狩野川台風では、死者・行方不明者が1,269人に上った。

写真⑯－5

秋分の七十二候

初候「雷乃収声（らいすなわちこえをおさむ）」雷鳴が聞こえなくなる　・新暦：９月23日～27日頃

写真⑯－６

雷鳴が聞こえなくなる頃である。太平洋側では、秋から雷の発生数は減る傾向にあるが、日本海側では秋から冬に向けて「雪起こし」や「鰤（ぶり）起こし」と言われる冬季雷が増える時期である。

雷は対流雲の発電作用による火花放電である。対流雲は、上層が低温、下層が高温で、その温度差が大きいほど上昇気流が盛んになり、対流活動は活発で、雷が発生しやすくなる。秋分の頃、最高気温の下がり幅が最も大きく、大気の上層と下層での温度差が小さくなり、雷の発生が減少するのだろう。春分の末候は「雷声を発す」。春分から清明にかけて、気温の上がり幅が最も大きくなる時期で、大気の対流活動は活発となり、雷が発生しやすい。

次候「蟄虫坏戸（ちっちゅうこをはいす）」土の中に住む虫が越冬に入る　・新暦：９月28日～10月２日頃

写真⑯－７

土の中の虫（動物）が、穴を塞ぎ越冬に入り始める頃となる。クサガメやイシガメが冬眠開始する気温は10～15℃以下になる頃で、本州の平野部がこの気温になるのは10月下旬以降のことで、まだ先のことになる。

カエル類は、気温が８～10℃程に低下し、地温が6.6℃以下になると冬眠を開始する。温度の変動の少ない土中や落ち葉の間などに潜って冬眠するものが多いが、中には水中で冬眠する種もある。ヒキガエルは、土中に穴を掘り冬眠するが、温暖な地域では５～10㎝、寒い地方では20～30㎝以上と、穴の深さに地域差がある。

末候「水始涸（みずはじめてかる）」水田の水を抜かれる　・新暦：10月３日～７日頃

写真⑯－８

冬の渇水の兆しが見える頃。また、春に備え、水田の水が抜かれ涸れる頃である。

近年の稲栽培では、８月中旬には早くも稲刈りが始まり、それに連れ水田の水が抜かれる時期も早まる傾向にある。アカトンボ類が里に下りて来る時期には、産卵場所となる水場はすっかりなくなってしまっている。

アキアカネに代表される卵越冬のトンボ類の減少は、冬季の水田の乾田化が一因という。冬季の湛水水田の減少は、トンボ類に限らず、他の水生昆虫類やカエル類、イモリなど多くの水生生物の生息に影響を及ぼしている。

縄文の赤い花

写真⑯－9

毎年時を違えず秋の彼岸の頃に咲き誇るヒガンバナ。仲秋の田の畦を朱赤色の強烈な色彩で染める。人里でお馴染みの彼岸花は1,000以上もの地方名を持つ。別名の「曼珠沙華」は梵語で「天上の赤い花」の意である。この花を見れば煩悩や、悪業から解脱できるという。「幽霊花」や「死人花」の俗称は墓場によく生えることに由来する。炎のような花色から「火事花」とか、妖気に満ちた毒々しい深紅の花姿から「地獄花」と忌み嫌われたりする。花期に葉は全くなく、葉の茂る時に花がないから「葉見ず花見ず」とも呼ばれるが、こちらはこの植物の成長過程を見事に表現した名である。

人里によく生えるのには理由がある。古代の日本人が稲作を始める以前、救荒植物として大陸から伝わったのが始まりという。鱗茎はアルカロイド系の毒素（リコリン）を含むが、水で晒せばたくさんの澱粉が採れる。ドングリを採集して食料にしていた縄文人は、晒しの技術を既に持っていたため、食料として各地に広まったという。有毒植物の故に、畦に穴を空ける野ネズミを防ぐ効果もあり、土手や畦に植えられたのも人里に多い理由の一つらしい。三倍体で種子が出来ないため、球根でしか増えないが、こうして人里に広まったとみられている。海流による漂着植物説や、救荒植物としての利用はそれほどなかったという説もある。

歌を忘れた蟋蟀（こおろぎ）

林縁から「フィリリリリリリリリ……」と細かな連続音で鳴き続けるクサヒバリ。鳴く姿を見ようと探すが一向に姿を見せてくれない。人の気配を感じると、すぐに葉影に身を潜めるのである。

代わりに木の葉の上に６㎜程の小さなクサヒバリの仲間が見つかった。体が黒く、脚が黄色のキアシヒバリモドキだ。カメラを向ける間もなく葉の裏に隠れる。用心深いのはこちらも変わらない。

キアシヒバリモドキはコオロギ科の昆虫だ。親戚筋のクサヒバリのように心地よい鳴き声を聞かせてくれると思いきや、大顎の先を使って震動を伝えることで威嚇や警戒をすることはあっても、ちゃんと翅もあるのに全く鳴かないのである。

写真⑯－10

キアシヒバリモドキに近縁のクロヒバリモドキも鳴かないコオロギだ。彼らが鳴かないのは天敵から居場所を悟られないためとする説がある。コオロギ類が美声で鳴くのは遠くにいるメスを呼び込む繁殖の手段だが、これが野鳥などの捕食者にとってみれば易々と獲物を探し出す信号でもある。だから、キアシヒバリモドキなどの鳴かないコオロギは、このリスクの大きい「美声」を捨てたのだ。寡黙な蟋蟀たちは、代わりに、お互い身近に暮らし生息密度を高めることで、繁殖相手に簡単に出会えるように進化し、虫時雨に惑わされることなく確かに、そしてしたたかに次の世代へと命を繋げているのである。

迷蝶シーズン

庭に見馴れぬチョウがやって来た。近畿や九州地方でソテツを食い荒らすクロマダラソテツシジミというチョウが話題なのを思い出し、もしやとよく見れば紛れもなくそのチョウである。本来フィリピンや台湾などの南方に生息する種だ。冬になれば死に絶えると思われたが、みごと年を越して翌年に大発生した。当初の近畿の発生は、大阪西部から兵庫の東部の狭い地域だったが、その後は中国地方、中部地方まで分布域を広げた。

写真⑯－11

本来は南方に生息しているチョウが、季節風に乗って日本まで迷い込んで来ることがある。これを「迷蝶」と呼ぶ。辿り着いた先に、幼虫の食草や生育に適した気候条件などが満たされていると、そこで世代を繰り返すことがある。

迷蝶を運ぶ風は、４月の春二番（花起こし）に始まり、春三番（花散らし）、５月の薫風（May Storm）、６月の小笠原高気圧から吹く南風（はえ）、梅雨の始めの黒南風（くろはえ）、梅雨の末期の集中豪雨期に吹く荒南風（あらはえ）などがあるが、８月から10月の台風や熱帯性低気圧に運ばれてくる迷蝶が最も多い。

春から夏の間に飛来した個体が世代を重ねて増えた子孫の個体と、秋に迷蝶として飛来した個体とが一緒になり、秋は迷蝶の確認される頻度が他の季節よりはるかに多くなるのである。この季節はまさに迷蝶シーズンなのだ。

赤とんぼ・豊穣のシンボル

赤とんぼと聞けば、多くの人が童謡の「赤とんぼ」を思い浮かべるだろう。ある調査では、東日本ではアキアカネを、西日本ではウスバキトンボを赤とんぼとして思い描くそうだ。この作詞者、三木露風は兵庫県滝野町の人。だとすれば、童謡のそれはウスバキトンボだろうか？

「いくもどりつつばさそよがすあきつかな」
（飯田蛇笏）

赤とんぼとは赤色のトンボの俗称で、分類上はアカネ属に属する種で、ウスバキトンボはショウジョウトンボ属であり、これは厳密には赤とんぼではない。日本のアカネ属は22種が記録され、アキアカネ、ナツアカネ、ノシメトンボがその代表。

この３種の赤とんぼの主な繁殖場所は水田。稲田から夥しい数の赤とんぼが羽化する。さらに、イネの害虫を捕食する益虫でもあるから、豊穣のシンボルとされた。太古には我が国を「秋津島」と呼んだ。秋津は秋の虫のことで、稲穂の垂れる田に群れ飛ぶ赤とんぼは、瑞穂の国の象徴として特別な存在であった。

写真⑯－12

赤とんぼの代表格アキアカネは平地や丘陵地の池、水田、溝川などで発生する。卵越冬で、翌春に孵化し、６月頃に羽化すると、間もなく高地に移動することで知られる。秋に再び山から下り、９月下旬から稲刈り後の水田や湿地で産卵する姿が見られる。避暑の目的で夏に高山に移動するとされているが、中には平地の谷川の林などで夏を過ごすものもあり、移動の目的や実態はまだ謎が多いらしい。

ひっつきむし

写真⑯－13

「水引きの咲きたると子に囁ける」
（雨乃すすき）

木陰の叢を赤く染めるミズヒキの群落。釣り竿の先のような細長い花序は30cm以上。たわんだ花序に６～７㎜間隔で粟粒大の真っ赤な実がつく。花序の所々の２㎜くらいの花は微細過ぎて昆虫に見向きもされそうもない。だが、濃緑の葉の群落の上に花序が群れて立ち、あたりは真っ赤に染まる。通りがかりの昆虫もこれは見逃すまい。まずは誘い込み、その小さな花に気づかせるという派手な色彩で客寄せする看板作戦だ。

細い花序にまばらに咲く様が紅白の水引に似るのが名の由来。花弁に見えるのは４枚の花被片で、花弁とも萼とも区別がつきにくい。上の３枚が赤く、下の１枚だけ白い。赤一色の中で、その白が昆虫にアピールする。そして、花序の赤い実(そう果)も。それは花被片に包まれ、先に長めの釣り針状の突起が２本伸びる。これは花柱の名残で、獣毛などに貼りつく“ひっつきむし”なのだ。

ひっつきむしは付着散布と呼ばれる種子の散布の仕組みで、果実や種子が鳥や獣の体に付着して運ばれる動物散布の一つである。ミズヒキやオナモミのように、トゲの先端が鈎（かぎ）状に曲がるタイプのほか、トゲに返し(逆棘、逆刺)がつく（センダングサ属）、トゲの束が広がる（ササクサ・ミズヒキなど）、粘液を出して付着（チヂミザサ、タネツケバナなど）、周囲の泥を利用して付着(スゲ類)など、取りつく手法も多様である。

野分（のわき）

写真⑯－14

台風が近づき遠くに雷鳴が響き、時々雨が激しく降る。写真⑯－14は、水面に落ちる大きな雨粒の波紋が、強い風ですぐに形を崩す激しい秋の雨降りである。断続的に雨脚の激しくなる秋の雨を「白驟雨」という。

秋は大きな台風に見舞われやすく、八朔（旧暦八月一日）、二百十日（新暦９月１日頃）、二百二十日（新暦９月11日頃）の三日は嵐が来襲する三大厄日とされる。この頃は稲の開花時期で、風雨安穏、五穀豊穣を祈願する祭りや風習が残っている。越中富山の「風の盆」も風を鎮める風祭りの一つだ。

「野分」「野わけ」はこの厄日の頃に吹く風のことで、今では、台風を含む秋の頃の強風を呼び、秋の季語とされる。台風は30年間(1971～2000年)の平均では、年間約27個発生し、このうち約３個が日本に上陸している。旬別の上陸数は８月下旬がピークで、27個の台風が上陸している。二つ目のピークは二百二十日を過ぎた９月下旬にあり、統計上も秋は台風が多い。

８月末から９月に日本列島に接近する台風は、北上とともに東寄りに進路を変え、移動速度を増す。これは、秋に日本付近に南下してくるジェット気流（偏西風）の影響である。ジェット気流は冬にかけてさらに本州付近にまで南下し、10月に入れば台風は日本に接近することなく南の海上を東進してゆくのだが、近年は台風の進路がやや北にずれ、朝鮮半島や中国大陸に上陸する傾向にある。これは秋になっても優勢な南の高気圧の影響で、北側の大陸の寒気と暖気の境を流れるジェット気流が南下できないのが原因で、温暖化も一因らしい。

⑰ 寒露　冷たい露を結ぶ

・新暦：10月８日～22日頃　・旧暦：九月　・和風月名：長月

写真⑰－１

寒露は新暦の10月８日頃で、太陽黄経が195度の点を通過する日。晩秋となり、朝晩は一層冷え込み、葉の露も寒々しく見える頃。

「はてもなく瀬のなる音や秋黴雨り」（史邦）

９月中旬から続く秋の長雨が10月上旬頃まで残ることがあり、「秋霖」「秋黴雨（あきついり）」とも呼ばれる。真夏の暑さの主役の太平洋高気圧が南へ退き、代わって大陸の冷たい高気圧が日本海や北日本方面に張り出して来る。この夏の空気と秋の空気が、南下したり北上したりとせめぎ合うあたりで、大気の状態が不安定となり秋雨前線が発生する仕組みで、梅雨のない北海道でも秋の雨が降る。台風発生期と重なるため、大災害となったりする。

「秋雨や水底の草を踏わたる」（芭蕉）

秋の雨は蕭条と降る冷たい雨のイメージだが、にわか雨なら「秋驟雨」、にわかに群らがって降れば「秋の村雨」、断続的に降る驟雨なら「白驟雨」。ひと雨ごとに秋は深まりゆくのである。

10月中旬になると前線は南に下がり、日本列島は北からの移動性高気圧に覆われることが多くなり、特に帯状の高気圧が日本を覆うと秋らしい晴れ間が広がる秋日和となる。しかし、こ

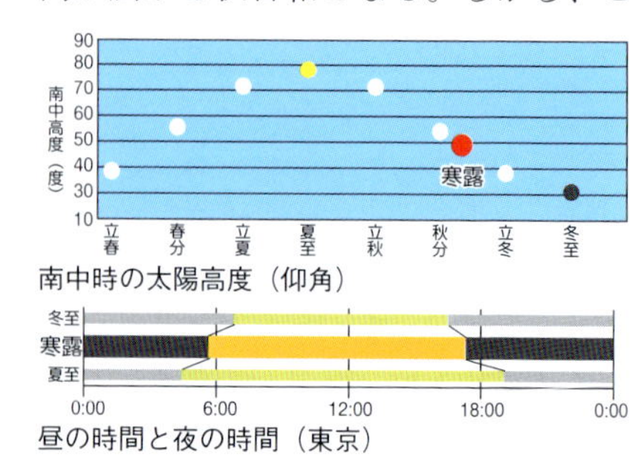

南中時の太陽高度（仰角）

昼の時間と夜の時間（東京）

写真⑰－2

の周期的にやってくる移動性高気圧の後には低気圧が控えていて、「男（女）心と秋の空」の例えのように、数日の晴れの後には天気が崩れてしまう。

10月10日は晴れの特異日。秋雨が明けるのを期待して昭和39年の東京オリンピックの開会式の日取りが決定された。その代々木の空のように、秋の空は特に青く澄み渡って美しい。日射しの弱い秋は、地熱による対流が起こりにくく大気の水蒸気は少なく、長雨の明けや、台風の後などで大気中のゴミが吹き払われ、太陽の光の乱反射が少なくなる条件が重なるからだ。

写真⑰－3

「爛々と昼の星見え菌生え」

（高浜虚子）

「秋黴雨」「秋湿り」「すすき梅雨」とも呼ばれる秋の長雨が上がる晩秋の里は実りの季節。臼田亜浪の「二三日晴れ松茸の膳にのる」の句のように、雨上がりの林に入ればあちこちにキノ

写真⑰－4

写真⑰－5

コが生え、野菜売り場からは松茸の香りが漂う。クリ、リンゴ、カキ、イチジクと果樹の収穫の季節。野辺では、秋の深まりにつれ、カラスウリが緑から朱紅へ、ビナンカズラが次第に赤へと色を染める。

秋の晴れ間を生む北の高気圧が顔を出せば、北風が日本列島に吹く。この風を待っていたかのように、ハクチョウやガンなどの冬の使者がやって来る。夏を日本列島で過ごした鳥たちも、この風に乗って越冬地のフィリピンなどの南方へ渡り始める。サシバが伊良湖岬から佐多岬などに沿って南下して来る「鷹渡し」の頃、沖縄には北からの涼しい甘露の風「新北風（みーにし）」が吹く。

「雁鳴て目をあく菊のつほみ哉」

（土芳）

写真⑰－6

里に渡り鳥の声が聞こえるようになれば、そろそろ菊の花が開く頃。

寒露の七十二候

初候「鴻雁来（こうがんきたる）」ガンが渡来し始める　・新暦：10月８日～12日頃

写真⑰－7

「けふからは日本の雁ぞ楽に寝よ」（一茶）

ガンが北の大地から越冬にやって来る頃である。「雁渡し」の風が吹く晩秋の空に、「初雁」の「カハハン、カハハン」という鳴き声を聞く。その雁の音は幾ばくか悲しみを帯びて響き、秋の深まりを知る。

ガンの渡来地として名高いラムサール条約登録地の宮城県伊豆沼では、９月下旬から飛来が始まり、秋の深まりにつれ、その数が増える。

マガンは、狩猟や生息環境の悪化などの影響で減少傾向にあったが、伊豆沼周辺での渡来数は年々増加傾向にある。さらに、越冬の期間が次第に短くなっている。増加の原因は、極地の繁殖地が温暖化により拡大したためと思われ、越冬期間の短縮もやはり温暖化が一因のようである。

次候「菊花開（きくはなひらく）」キクの花が咲き始める　・新暦：10月13日～17日頃

写真⑰－8

菊の花が咲き始める頃である。品種によって遅速はあるが、おおよそ東北地方では10月上旬から、関東以西では10月中旬から下旬にかけて、九州南部では10月下旬頃、秋の長雨が上がるのを待ちかねたように咲き始める。

菊の香の染み渡る晩秋の穏やかな「菊日和」に、白、黄、赤と花色の鮮やかなキクだが、近年は仏花だけでなく、欧米由来のポットマムと呼ばれる洋ギクが鉢花や切り花で日常的に楽しまれている。

末候「蟋蟀在戸（しっそくこにあり）」キリギリスが家の中で鳴き始める　・新暦：10月18日～22日頃

写真⑰－9

キリギリスが家の中で鳴き始める頃である。キリギリスが晩秋まで生きて、人家に入り鳴くのはやや不自然である。平安時代にはキリギリスはコオロギのことで、俳諧時代にはツヅレサセコオロギを言ったらしい。ただし、キリギリスもエンマコオロギも卵越冬なので、人家に入った成虫がそのまま冬を越すことはない。

成虫越冬するクビキリギスが軒端の下の物陰で越冬している姿を見ることもあり、カマドウマ類が押し入れに入り込んでいて驚かされることもある。しかし、クビキリギスは「ジー」と鳴くが、カマドウマは翅がなく、鳴くことはない。

上皇を慰めたのはノコンギク？

写真⑰－10

リュウノウギクやヨメナが歩く先々に咲き、これに負けじと咲き誇るノコンギク（野紺菊）。野山は野菊の季節。

我が家の庭でもノコンギクの濃い花色の系統より作出されたコンギク（紺菊）が花の盛りだ。苗を１株買って育てたのが、ずいぶん株を増やしている。苗のラベルには、初夏に咲くはずの「都忘れ」の名が書かれていた。都忘れも野菊のミヤマヨメナ属のミヤマヨメナの改良種で、よく似た種の多い野菊の仲間同士だから取り違えも致し方なかろう。

野に咲き乱れるノコンギクを見ていると、庭のコンギクが目に浮かぶ。花が濃い紺色なのを除けば、花期は勿論、ザラリとした葉の感触といい、枝先に散房状に付く花姿のどれもノコンギクそのもので、血は争えないものだと思う。

承久の乱で破れ、佐渡に流された順徳上皇は、都を偲んで過ごす日々が続いた。幾年か経った秋のある日、庭に咲く一株の白菊を眺めるうちに都を忘れることができたという。それが都忘れの名の由来とか。上皇がその花を眺めたのは秋のはず。初夏に咲く園芸種の野菊に「都忘れ」と名付けたのは何とも不可解な話だ。上皇を慰めた野菊は、秋に咲く白花系のノコンギクだったのか…。

野菊の仲間のシオン属やヨメナ属などよく似た種が多い厄介な植物だ。その名の由来の謎を解くなんて、素人はここらでやめておくのが無難かもしれない。

桂の木を伐る男

キンモクセイ（金木犀）の香りが漂う甘露の頃。橙黄色の花の甘い香りは、千里先までも届くから「九里香」の別称がある。漢名は丹桂。丹は橙黄色、桂はモクセイ類の総称である。中国の桂林の名は、街中に桂花が咲き誇ることに因む。

中国では、桂は月から地上に伝わった仙木で、月には桂の巨樹が生えていると伝わる。日本では月で杵をつく兎に見立てるが、中国では桂の木を背負った男の姿に替わる。

男の名は呉剛。呉剛は欲得に目が眩み、木犀の木を伐り皇帝に捧げようとする。元々その木犀は、貧困に悲しむ薪取りの呉剛を救うため、月に住む天女に恵まれた木。呉剛は摘んでも摘んでも咲く木犀の花の枝を売って裕福になった。あらんことか、その木犀を呉剛が切ろうと目論むことを聞き知った天女は、誰にも見えるようにその木を月に運んだ。

写真⑰－11

その時、呉剛はこの木に潜り込んでいて、一緒に月に運ばれた。貪欲な呉剛は天女の目を盗み、懲りずに木に斧を振り続ける。天使が来て中断すると、その傷は再生する。それで呉剛は、永遠に木犀に斧を振り続けるから、月にはいつも桂を伐る男がいるという。奇談集『絵本百物語』では、月に住む桂男が長時間月を眺める者に手招きし、寿命を縮める。さらに和歌山県では、満月の時以外に月を長く見ていると桂男に誘われるという妖怪話が残る。

中国では桂花の香りに包まれ観月をする風習があるという。「久方の月の桂も秋はなほもみぢすればや照りまさるらむ」と壬生忠岑は桂と月を詠んだ。日増しに陽の光が衰えるにつれ、夜の月は輝きを増し美しい。

狂った紅

写真⑰－12

夏草が廃れゆく草原に目を惹くワレモコウ。竹串のような細長い枝先に、暗赤紫色の桑の実の形の花序を一つつける不思議な草姿。ドライフラワーのようだが、根元には楡の葉に似た葉をつけた枝葉が地を這うように拡がり、枯れ草どころか勢いなお盛んである。いくつもの小花が密集した花穂は、暗い紅色の花弁に似た４個の萼片と黒いおしべで作る小花が、上部から徐々に咲き始め、花後も萼片がそのまま花穂の形を留める。特異な花姿にも驚くが、バラ科の植物と聞けば更にビックリだろう。

佐藤鬼房はワレモコウを「純粋とは狂ひしことか」と句に表現した。葉の見えぬ草から、いきなり細長い枝がすっと幾枝か伸び出し、その先々にたった１個の暗赤紫の花序がつく。周りの夏草を圧し、蒼穹にそれだけがすくっと立つ様は、単純明快で純粋の象徴と見える草姿だ。だがその草を子細に観れば、ただの野の草などではない。一見純粋と見えるのは異端の証で、狂った植物以外にほかならない。

佐藤鬼房は６歳で父と死別。高等小学校を卒業後、組合給仕、鉄工所員などを経験し、７年程の兵役を務めた経歴の昭和の代表的俳人。戦前の俳界を戦慄させた京大俳句事件で投獄された西東三鬼に師事した。怒濤の時代のプロレタリア文学の匂いが漂う社会性の滲む俳風で知られる。

花らしからぬ暗赤紫色の花が、プロレタリアートの掲げる赤旗のように、「吾もまた紅」と青い空に叫ぶ姿なのかもしれないと、この作者の生きざまを思う時、純粋に社会派の名句として読めるだろう。しかし、その花の特性を見事に捉えた秋の花の名句でもある。

繭の穴

台風で枝ごと吹き飛ばされたのか、ウスタビガの繭が、歩く林道の先々にいくつも落ちている。薄黄緑色の目立つ色だから、すぐにいくつも目に飛び込んでくる。だが、木々が緑葉に覆われる季節は、この色が迷彩色になってそう易々とは見つからない。この色は天敵の目をくらますための色なのだ。

写真⑰－13

そして、落葉が始まる晩秋から初冬には羽化してしまうのである。すっかり木の葉が落ちた冬、食樹のコナラやカエデ類などの木の枝先に、寂しくぶら下がる繭を見かけることが多い。だがその繭は既に空っぽで、もちろん鳥の食べる獲物は中にはない。

さらに、繭にはもうひと工夫が。底には小さな穴が開いている。雨などで濡れて、繭の中の蛹が濡れないための水抜きを施している。越冬する昆虫にとって、水気は大敵。蛹が濡れると、冬場に凍結してしまうので、穴はそれを避ける仕組みなのである。

写真⑰－14

ウスタビガは「薄手火蛾」の漢字をあてる。「手火」は提灯のことで、木にぶら下がる繭の姿に由来している。「薄足袋蛾」とも書くが、これは繭を足袋に見立てたもので、ほかに柄杓や蒲簀に見立てた「ツリカマス」「ヤマカマス」「ヤマビシャク」などの地方名がある。穴開きの足袋や蒲簀や柄杓は用無しだが、この繭にすれば、穴は命に欠かせないものである。

鉦の音

庭を眺めていると、「チンチンチン…」と鳴く虫の音が聞こえる。古くは鉦を叩きながら経文などを唱え、金銭を乞い歩く「鉦叩」という大道芸人がいたらしいが、庭木の上で鳴くのはコオロギ類に似る１cmに満たない小さな直翅類のカネタタキである。

三好達治に「十ばかり叩きて止めぬ鉦叩き」の句があるが、その音は５、６声聞こえても、まず10にまでは届かない。規則正しくリズムを刻むその鉦の音は、一音一音は弱々しいが、しっかりと耳まで届く。

声の主は何処か。確かにこの辺りのはずと、生垣に寄り耳をそばだてると、どうもここではなくて、今度は向こうの植木のほうらしい。鳴き声を頼りに姿を探し出すのは意外に難しいカネタタキである。

「月出でて四方の暗さや鉦叩き」

（川端茅舎）

秋は名ばかりの未だ夏のなごりの夕暮れ、微かに聞こえ始める鉦の音。鉦の響きに涼しさを覚え、秋の訪れを知る。夕闇と共に鳴き出すその虫の音も、晩秋ともなれば昼夜を分かたず聞こえるようになる。

「鉦叩昼もたたけりしづかなる」

（日野草城）

初秋から馴染みの心和むその虫の音も、やがて秋が深まりそぞろ寒さを覚えると、鳴き声にもの悲しさが漂い、聞く人もいつしか寂寥感に包まれる。弱々しく憐れみを帯びた晩秋の「ちちよ、ちちよ」と聞こえるその声を、古人はミノムシの鳴く音と信じたらしい。高浜虚子の「蓑虫の父よと鳴きて母もなし」や芭蕉の「蓑虫の音を聞きに来よ草の庵」がその例句である。

秋の渡り

里でノビタキの姿を目にする晩秋は、秋の渡りの季節。この鳥は春に渡来し、本州中部以北で繁殖する。それ以南では春秋の渡りの一時期だけ見られる。

ノビタキはスズメより更にひと回り小さいが、よく目立つ。突き出た枝先やガードレールの上など、遠目にもわかる場所に止まるからだ。しかも、せわしなく首をキョロキョロさせ、地上に飛び上がっては地面に飛び込み、また舞い戻る。鳥見のセンスに欠ける筆者でも、この鳥なら見逃さない。

大方の鳥たちは草藪や木の葉陰で天敵から身を隠すように暮らすが、ノビタキはずいぶん明け透けな行動を見せる。これは採餌のために見晴らしの良い場所に陣取るからだ。盛り土の頂や草の疎らな土手際は特にお気に入り。ここなら頭上も眼下もよく見渡せる。餌の昆虫が飛んで来た瞬間を狙って、飛び上がったり飛び降りたりするのに格好の場所である。

写真⑰－16

これで天敵の猛禽は怖くないかと心配になるほど無防備だ。だが、暫く観察していて、身を守る術は心得ているとわかった。同じ場所には長時間留まらず、畦草の枝先、盛り土の頂、畑の作物の上と見張り場所をちょくちょく変える。一度飛び立ち再び戻ってくる時でも、場所をずらし、天敵に狙いを定めさせない。世はきな臭い時代になってきた。ノビタキのように、我が身を守る術は、さりげなく身に着けておくべきかもしれない。

⑱ 霜降　霜が降る

・新暦：10月23日～11月６日頃　・旧暦：九月　・和風月名：長月

写真⑱－1

霜降は新暦の10月23日頃で、太陽黄経が210度の点を通過する日。秋もいよいよ深まり霜が降り出す頃。東京や大阪で霜が降り始めるのは、あとひと月程先のことで、実態とはややかけ離れた感もある。

「やや寒み灯による虫もなかりけり」
（正岡子規）

周期的に寒暖を繰り返し、気温は日一日と着実に下がり、冬へ向かう。北海道、本州の北部や内陸部などでは初霜を見せ、その冷気に木々の葉は次第に黄や紅を帯び、山はやがて錦繍を粧い、年の最後の晴れ姿を見せてくれる。

「手にとらば消えんなみだぞあつき秋の霜」
（芭蕉）

霜は、地面付近の空気が０℃以下になり、空気中の冷えた水蒸気が草や木の葉などの表面で氷の結晶となったものだから、霜が降りる本番は冬である。霜は冬の季語で、晩秋に降る霜は「秋の霜」と呼ぶ。露が凍って、露か霜か定かでない、露の中に霜が混ざり、今にも消えそうな霜が「露霜」あるいは「水霜」で、その頃の寒さが「露寒」である。「露時雨」は、一面に露が降り、まるで時雨が降ったかのような有り様をいう。

気温が８℃を下回る頃から、落葉樹は葉と枝の境に離層を形成するように

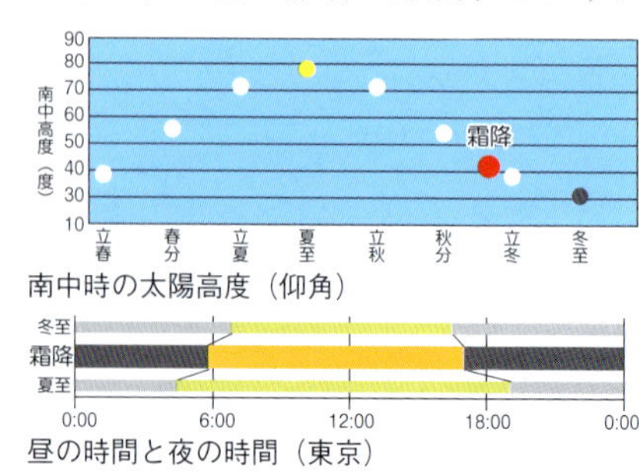

南中時の太陽高度（仰角）

昼の時間と夜の時間（東京）

秋
晩秋
⑱霜降

写真⑱－2

なる。この離層により、葉で生産された養分の移送が止まり、葉に残ったデンプンは糖となって蓄積する。また、葉を緑色に見せていたクロロフィルは、老化してアミノ酸に分解される。この糖分やアミノ酸をもとに、アントシアンという色素が合成され紅葉する仕組みだ。カエデなどの葉が褐色になるのも紅葉と同じ仕組みで、これはフロバフェンという色素が合成されるからである。イチョウなどの黄葉は、葉緑体の中に元々あった黄色の色素であるカロチノイドが、葉を緑色に見せていたクロロフィルが低温で破壊されることにより、カロチノイドの黄色が表に出てくることで起こる。

「竜田姫麓の櫨をひとつ染め」

（雨乃すすき）

写真⑱－3

写真⑱－4

紅葉は気温が5～6℃になると一気に進む。美しく紅葉する条件は、糖分が活発に生成するような日中の暖かさと、夜間はその糖が消費されないように冷え込む（気温の日較差の大きい）こと、紅葉する前に葉が枯れてしまわない適度な空中湿度が保たれていることである。紅葉の名所は、このような条件を備えた渓谷や川沿いに多い。

「たましひのしづかにうつる菊見かな」

（飯田蛇笏）

霜降の頃から菊花展や菊人形展のシーズンに入る。豪華な大輪や懸崖菊など、栽培技法と花弁の美しさを競う。厚物、管物、広物などの色とりどりの品種が並べられる。

写真⑱－5

写真⑱－5は晩秋の里山。稲を刈り取った株から再び青い芽が生えた穭（ひつじ）。刈田の一面にそれが生えた穭田は名残の秋の風景である。

「ひつぢ田に紅葉ちりかかる夕日かな」

（蕪村）

旧暦九月（新暦の11月初旬頃）の末日が九月尽。行く秋を惜しむ情感を込めた言葉である。「行く秋」「秋果つる」「かへる秋」「秋尽く」「冬隣」など、秋を惜しむ晩秋。しかし、昨今のこの時節はそうした暮秋の景にはまだまだ早いというのが実感だろう。

「雨降れば暮るる速さよ九月尽」

（杉田久女）

霜降の七十二候

初候「霜始降（しもはじめてふる）」霜が降り始める　・新暦：10月23日～27日頃

写真⑱－6

いよいよ霜の降り出す頃。なお少し枯れ残っている青草に、うっすらと霜が降る時、冬が真近いことを知らされる。

「一つ葉に初霜の消え残りたる」（高浜虚子）

札幌の初霜の平年日は10月22日。だが、東京では12月14日、大阪では11月29日と当分先のことになる。初霜の降るのは、北の地域、高地、内陸ほど早く、沿岸部や都市部では遅れ気味になる。

次候「霎時施（しぐれときどきほどこす）」小雨がしとしと降るようになる　・新暦：10月28日～11月1日頃

写真⑱－7

小雨がしとしと降り出す頃。低気圧が北日本の東海上で発達し、一時的に冬型の気圧配置になると、日本海側は冷たい雨が降ったりやんだりの「時雨」の季節である。

「秋しぐれいつもの親子すゞめかな」

（久保田万太郎）

時雨は冬の雨だが、それが立冬の前に降れば「秋時雨」。「秋微雨（あきこさめ）」は夏の陽に涸れた大地を潤し、紅葉を促す霧のような雨である。気象庁の雨に関する用語では、数時間続いても雨量が1㎜に達しないくらいの雨のことである。

末候「楓蔦黄（ふうかつきなり）」モミジやツタの紅葉が始まる　・新暦：11月2日～6日頃

写真⑱－8

モミジやツタの葉が紅葉を始める頃。イロハカエデは、10月20日頃には北海道南部まで紅葉前線が南下し、11月下旬には関東、12月上旬には大阪まで進んでくる。紅葉前線は初霜と同様に、北から南へ、高地から低地へ、内陸から沿岸部へと進行する。

紅葉といえばまずカエデの仲間だろうが、いち早く紅葉が始まるのはハゼ類やヌルデである。仲秋、木の枝の一葉や一本の木立だけが先駆けて紅葉する「初紅葉」。盛りの美しさを待ちわびる喜びがある。それから暫く日を過ぎ、山はうっすらと全体に色づいている。まだ薄い色を愛でるのもまた紅葉の楽しみの一つである。

「色付や豆腐に落ちて薄紅葉」（芭蕉）

ドングリの企み

写真⑱－9

木の葉が少しずつ色づき始め、熟したドングリやクリの実が親木からぽとりぽとりと落ちる季節。クリは人にとって秋の味覚の楽しみだ。しかし、それを単なる美食ではなく、命の糧にしているのがリスやネズミなどの動物たち。冬場の餌の枯渇する時期に備え、散り落ちたドングリやクルミなどの木の実をせっせと巣穴や岩陰、地中などに運び貯蔵する。

植物がドングリを実らせるのは、哺乳動物や野鳥動物に食べさせるのが目的ではない。動物が貯蔵する習性を利用して、種子を移動してもらう種子散布（動物散布）という生き残り戦略なのである。貯蔵で土に埋められることで発芽しやすくなるのも目論見の一つ。堅果を食べるカケスの移動距離は数キロメートルという。動物が餌場や巣穴に運ぶことは、遺伝子の多様化に大いに貢献しているわけである。

ドングリは捕食者に目立つようサイズが大きくなる方向に進化した。そして、大きな種子は発育スピードを早めることにもなる。ネズミは、食べる量の10倍から100倍もの有り余るほどの量のドングリを貯蔵する。貯蔵主が死亡したり、貯蔵場所を忘れたりして、食べ残しが増えるほど発芽率は高まるから、ドングリは一時に大量に実るのである。

ドングリが渋いのは、食べられ過ぎを防ぐ被食防御物のタンニンが約10％も含まれるからだが、アカネズミは唾液と腸内細菌の働きによって、タンニンを無害化してわけなく食べてしまう。だから、移動、貯蔵、食べ残しを期待して種子散布する植物（被食者）と動物との知恵比べも終わりはない。

蒲の綿

写真⑱－10

川の端やため池の片隅で、ガマの小さな群落を見ることがある。ガマの暗褐色の穂は、串に刺したソーセージのような独特の形で、たまに目にするとつい眺めてしまう。いつもは、ちょっと立ち止まって見るくらいの興味で終わるのだが、書物を紐解いてみたら、昔は人の生活と深く関わる植物だったと知って驚いた。

「蒲焼き」にも、「蒲鉾」にも「蒲」の文字が残るのは、インパクトのある穂の形の故だろう。因幡の白兎がくるまった穂綿は、座布団などの綿に使ったから、「蒲団」には蒲を冠する。さらには、硝石を混ぜ火打ち石の火口にも使われた。そして、雄花の花粉は、漢方で「蒲黄」と呼ばれる止血剤である。赤く痛々しい因幡の白兎の皮膚を治したのにはこの薬効があるに違いない。アイヌでは「真の草」という意味の「シ・キナ」と呼び、茎葉を乾燥させてゴザを編むのに最も良い素材だから、家の宝物の下に敷き、一番尊いキナ（草）とされている。

さらには、栄養塩類の除去などの水質浄化にも役立っている。

日本の蒲は、ガマ、コガマ、ヒメガマの３種で、池や沼、川の縁などに生え、夏に開花し、初秋に花穂が熟す。晩秋には綿をつけた実が風に飛ばされてゆく。

「蒲の穂に声吹き戻すわかれかな」
（露川）

増水しても水没しない工夫だろう、高い茎の上に掲げられた穂は、端から風にほぐされ徐々に綿屑のように湧き出す。

蒲の生える人里近くの池や沼は、やがては埋め立てられる運命かもしれない。少しずつ風まかせに飛び去る種の飛跡を見ていると、人の営みとすっかり縁の切れつつある植物の別れ際の挨拶のようにも思えてくる。

センダンと千団子

葉をすっかり落としたセンダン木になる鮮やかな黄色の実は、ひと際目を引く。滋賀県大津市の三井寺（みいでら）には、千個の団子を供える鬼子母神の縁日の「千団子祭」がある。実が枝一杯につく様がこれに似るのがセンダンの由来だ。

平安時代の五月の節句ではショウブやヨモギとともに軒にセンダンの花を飾り、身につけた。東洋では邪気を退ける霊木でもある。枝が横に伸び首を掛けやすい理由で、中世以降には罪人の首を吊るす獄門台に使われたことから、悪木と忌み嫌われる木に変わってしまった。

果実は「川楝子」の名でヒビやアカギレの薬になり、樹皮は「苦楝皮」の名で駆虫剤とされる。材は家具、下駄、琵琶の胴などに使われる有用樹木である。

おしっこの秘密

熟れ頃のバナナにそっくりで「バナナムシ」と呼ばれるのはツマグロオオヨコバイ。渋い色彩の断然多い日本の昆虫の中にあって、ずいぶんと異端な色彩で、南方の昆虫のイメージだ。分布は本州から西表、さらに台湾、東南アジア、アフリカと遥か南方まで生息し、日本は生息の北限。見た目どおりの南方由来の昆虫である。

皆さん、「水を撒いた覚えもないのに、庭木がびっしょり濡れていた」という経験はないでしょうか。実はそれ、バナナムシのおしっこですよ！

日に日に秋の深まる頃、植物に止まるバナナムシの姿を見かける。越冬に備えての栄養補給の最中だろうか。長い針状の口吻を持つセミ類と同じくカメムシ目の昆虫で、クワ、チャ、ブドウ、柑橘類などの汁を吸って暮らす。植物食のカメムシ目が吸汁の時に刺す植物組織の部位は、師管、導管、その両方と種により異なる。さて、導管を流れるのは、根が吸収したアミノ酸などをわずかに含む水に等しい液。一方、師管には光合成による生産物の糖類などの栄養価の高い物質を含む液が流れている。

師管から吸汁するカメムシ目の代表がアブラムシ類。未受精卵での発生（単性生殖）では、母親の胎内の子の腹には次の子の胚があり、驚くことにその次の世代の準備までされている。生まれてわずか10日で成虫になり次々に繁殖する秘密は、高栄養物質を存分に吸汁しているからだ。

土中で暮らすセミの幼虫は、根から導管液をせっせと吸い、微量の栄養を濃縮しながらゆっくりと長い年月をかけ成長する。バナナムシは初夏に生まれた幼虫が、夏が終わる頃、羽化し繁殖せずに越冬。翌春に交尾、産卵する。成虫期間は10ヶ月にも及ぶ。摂取する液の違いによる成長のスピードの差には唖然となる。

写真⑱－12

バナナムシは一日の活動時間の85％くらいを植物上での吸汁活動に費やす。貧栄養の液が餌だから、ゆっくり大量に吸汁するしかない。四六時中吸水しているから、おしっこの量も並大抵ではない。そう、これが大量おしっこの秘密だったのだ。

効率の悪い導管液の摂取の道を選んだわけはもう一つ。誰でもひっかけられた覚えのあるセミのおしっこがそれを教える。猛暑に滅法強いのは、大量の水分の補給が、高性能エンジンの冷却水として働くからなのだ。クマゼミもバナナムシも南方起源の昆虫。大量に水分を排泄するのは高温環境に適した餌の摂取方法なのである。

黄色いジレンマ

写真⑱—13

キチョウ（キタキチョウ）がレモンイエローでよく目立つ色彩なのは、南方に繁栄する系統の所以だろうか、無防備と思える派手さだが、黄葉の時期は一変。写真のように、黄葉したナツメの葉に見事に同化している。意外な季節限定の隠遁戦略に驚く。でも黄葉の季節は束の間。間もなく木は裸になり、葉隠の術は通用しない。越冬する蝶には、すぐに厳冬生活がやって来る。

暑い盛りのキチョウは真っ黄色だが、秋に羽化する個体は褪めた菜の花色を帯び、白んだ色合いのものが多くなる。

「秋の蝶黄色が白にさめけらし」

（高浜虚子）

枯れ葎に潜んで過ごすには、目立たぬ色目が有利なのは確か。低温期の個体は少しは地味な色合いだとはいえ、目立つ黄色のチョウであるのに変わりはない。やがて来る灰色の世界でさらにかなりのリスクを背負うことになるだろう。

晩秋になると、最も普通だと思うほどあちこちで出会うキチョウ。その数の多さは、海の魚が大量に産卵する「数打ちゃ当たる」の生き残り戦法なのか。だとすれば、無脊椎動物の進化の頂点にある昆虫類にしては少し後退路線ではなかろうか。

越冬個体が枯葉色になる進化をしないのかと、派手な色のジレンマを背負う蝶が気にかかる。だが、「ありふれた蝶」である事実こそが、その戦略が誤りでない証。南方で繁栄するキチョウ属の中で、最も北に進出した日本のキチョウの戦法はきっと優秀なのに違いない。

北進のリスク

晩秋でもなお花盛りのセージ類。その花に燕尾状の細い突起と白い波状紋が特徴のウラナミシジミがやって来た。北海道南部以南から九州以北では、春先や夏場はまず見られないが、立秋を過ぎる頃から見る機会が増えてくる。元来、熱帯・亜熱帯に分布するが、移動性が高く、アフリカ、ヨーロッパ、アジア、オーストラリアなど広域に分布している。

南方系の種だから、本土のほとんどで越冬できず死滅する。しかし、黒潮海流により温暖な房総半島などの無霜地帯の一部では越冬する。そこでうまく冬場を凌いだ個体が、春以降の気温の上昇とともに世代を重ね各地に分散して生息地を広げてゆく。そしてようやく秋になり各地で見る機会が増えるのである。

南方系の生物で、気温の上昇につれ世代を重ね北へと分布を広げ、秋以降の気温の低下により皆死滅する習性の種がほかにもある。立秋で紹介したウスバキトンボもその一種。海では、死滅回遊魚がある。「ニモ」で有名になったカクレクマノミやチョウチョウウオのように、黒潮に乗って北上し、冬になると寒さで死に絶える魚類だ。南方系の生物が死のリスクを背負い、生息限界の地域まで北上する行動は無意味に思えるのだが。

写真⑱—14

ウラナミシジミは秋のものだった地域で、早々と5月頃に見る所もあるらしい。温暖化という気候変動による越冬地の北進化だろうか。南方系の種には、「⑯秋分」で登場したクロマダラソテツシジミのように、無駄死にと思える北進行動が、温暖化の恩恵で生息域拡大に功を奏している種もあるようだ。

⑲ 立冬　冬になる時

・新暦：11月７日～21日頃　・旧暦：十月　・和風月名：神無月

写真⑲－1

立冬は新暦の11月７日か８日頃。太陽黄経が225度の点を通過する日で、暦上の冬は、この日から立春の前日まで。太陽高度が低くなり、陽の光は目に見えて弱まり、日脚も明らかに短くなり、哀愁が漂う感のある「冬立つ」「冬来る」時である。晩秋のようでも、また初冬のようでもある中途半端な季節を、気象エッセイストの倉嶋厚は「晩秋初冬」とうまく表現している。

「凩や海に夕日を吹き落す」

（夏目漱石）

立冬前後から、日本付近を低気圧と高気圧が交互に通過し、天気が周期的に変わりやすくなる。発達した低気圧が日本に近づき、一時的な西高東低の気圧配置になると、北西の強い季節風が吹き荒れ「木枯らし」となる。これが初雪を降らせ、北国からは初冠雪の便りが聞こえる。10月半ば頃から11月の間で、最大風速が毎秒約８ｍ以上あり、北～西北西の方角から吹くその年最初の風を「木枯らし一号」と呼ぶ。北からの冷たい季節風が湿気を含んだ日本海を渡る時、対流雲（積雲や積乱雲）を次々と生みだし、急に空が暗くなる。そして冷たい雨が降り出したかと思えば、すぐに晴れ間が出る。これを繰り返す「時雨」の日が多くなる。「冬の虹」は、この雨と晴れ間に初冬の斜

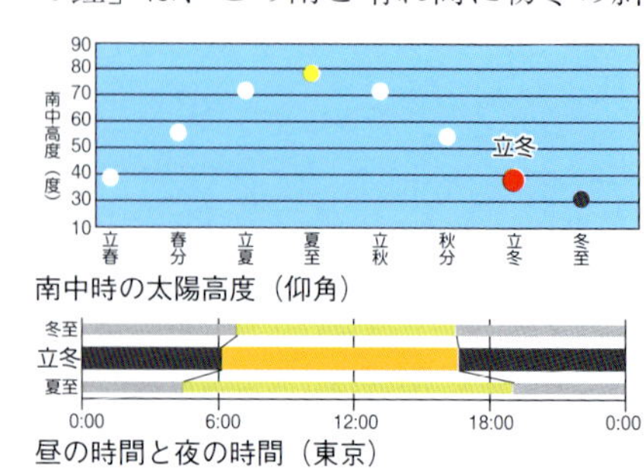

南中時の太陽高度（仰角）

昼の時間と夜の時間（東京）

光線が射して生じ、澄み切った空にひと際美しい。

「山茶花のかたき蕾や初時雨」

（岡本癖三酔）

立冬から小雪の頃、太平洋側で曇りや雨のぐずついた日が続くのを「サザンカ梅雨」と呼ぶ。サザンカの咲き始める秋から冬への季節の変わり目の雨である。この頃から、南寄りの風が姿を消し、替わって北寄りの季節風が吹き始め、風も季節の変わり目である。

写真⑲－２

「小春日や石を嚙みゐる赤蜻蛉」

（村上鬼城）

この冬型の気圧配置は長続きせず、すぐに大陸高気圧に覆われ穏やかな晴天の「小春日和」となる。こんな冬晴れの日、昼間は20℃近くでも、朝晩は10℃を切ることもある。まだ寒さになれないから、朝晩の冷え込みが身に浸み、寒の激しさにコートや手袋が欲しくなり、こたつやストーブなどの暖房器具もそろそろ出番だ。

写真⑲－３

写真⑲－４

全国の気象台では、こたつ、蚊帳、手袋、オーバー、ストーブ、火鉢、水泳の項目について、その使い初めや開始の日を「こたつ初日」「蚊帳初日」などとして、昭和39年まで「生活季節観測」として記録していた。昭和29年の東京の記録では、こたつが11月19日で、手袋が11月13日となっていて、立冬の次候以降に冬支度を始めていたようだ。暖房を使い始めるのは気温が８℃くらいの頃で、ちょうど紅葉の始まる頃の気温である。東京都心の最低気温がその気温となるのは11月20日前後だが、今より寒冷だった戦前までは、11月初旬にはもうその気温になっていて、明治節（現在の文化の日）の頃にこたつを入れたようである。

写真⑲－５

特に都市部で、冬物の出番が年ごとに遅くなってきているのは、これもやはり都市熱や地球温暖化の影響なのだろうか。昭和25年以前の東京の立冬の頃の最低気温は８℃未満であったが、現在は10℃を超えている。冬の気配の遅い大都市だが、東京と大阪のイチョウの黄葉の平年値は11月19日で、立冬の末候ともなれば街の銀杏並木は見事に色づき、冬への確かな足取りを感じさせる。１、２週間ごとにやって来る幾度かの木枯らしを重ね、そうして冬は確実に進んでゆく。

立冬の七十二候

初候「山茶始開（つばきはじめてひらく）」サザンカの花が咲き始める　・新暦：11月７日～11日

写真⑲－６

本州（山口県）、四国・九州の南部から西表島に分布する日本固有種で、晩秋から初冬にかけて純白の花を咲かせる。ツバキの花は筒状で花弁は散らずに落花するが、花弁とおしべはバラバラに散り、若い枝葉や子房に毛がない点でツバキと異なる。

「霜を掃き山茶花を掃く許りかな」

（高浜虚子）

「山茶」は中国では椿のことで、日本では山茶花（さざんか）のこと。「山茶花」の漢名が広く使用されているが、正しくは「茶梅」である。別名に「ヒメツバキ」「コツバキ」などがある。野生種の花色は純白だが、園芸種は白のほかに桃、紅、しぼり、ぼかしなどと多彩である。

次候「地始凍（ちはじめてこおる）」大地が凍り始める　・新暦：11月12日～16日頃

写真⑲－７

陽気が消え失せ、大地が凍り始める頃。昭和45年以前の初霜はこの前後であったが、近年では12月中旬以降となっており、地の凍りつく季節は次第に遅くなっている。

ちなみに、現代七十二候の北日本、中部日本、西日本の次候は、それぞれ「雪囲い始め」「ムギ発芽」「カエデ紅葉」となっていて、こちらは凍てつく季節は未だ先延ばしである。

末候「金盞香（きんせんかさく）」スイセンの花が咲き始める　・新暦：11月17日～21日頃

写真⑲－８

キンセンカの咲き出す頃。金盞は水仙の異名。西日本の暖地の早い所で11月下旬から咲き始めるが、寒冷地では春の花となり、北海道では４月下旬になってようやく開花し、開花前線は南北に半年をかけて北上する。気象庁によるスイセンの開花の平年値は、最も早い地域で12月10日前後であり、多くは年末から年明けとなっており、暦と実態がそぐわない。スイセンの開花日は年により大きな遅速がみられ、自然暦の指標植物として適切な種ではないように思う。

木枯らしと冬の使者

写真⑲－9

木枯らし一号が吹き荒れている。冷たい強風に、路上に溜まった落ち葉が渦を巻き、宙に舞い上がる。木の枯れ葉を吹き飛ばし、冬枯れの姿にする風を「木枯らし」と呼ぶ。過去の統計によれば、木枯らし一号が多いのは11月11日～12日頃。東京の記録は、立冬の前後10日間に多くなっている。寒冷前線の通過直後に吹く冬の季節風のはしりで、日本海沿岸では北西の風、太平洋や瀬戸内海の沿岸では西の風となりやすい。この後1、2週間おきに二号、三号の木枯らしが吹き、その合間には穏やかな秋日和が訪れるが、三号以降は冬らしい寒い日が続くようになる。

木枯らしが吹き始める頃から、冬の渡り鳥が田や池に姿を見せ始める。タゲリの群れもその一つだ。ご自慢の頭上の長い冠羽が強風になびく。白と黒の明快な配色と、「ミュー」という猫のような鳴き声で冬の到来を知らせる。

玉虫色に輝く羽色、細い足に気取った面立ち。シックないでたちの上品なレディに見えるから「冬の貴婦人」と呼ばれる。鳴き声から「ネコドリ」とも言い、その色や姿から「ナベケリ」「シマケリ」「クロケリ」「ケツグロ」「アミガサカブリ」「クジャクケリ」などと様々の俗称で呼ばれ、民話にも登場する親しみのある冬鳥である。

写真⑲－10

枯蟷螂

写真⑲－11

初冬の野山で、息も絶え絶えのカマキリが両の鎌を力なく上げ下げしているのに出会う。晩秋に産卵を終えた生き残りのメスのカマキリなのかもしれない。寒さとともに餌の昆虫は減る一方。

「枯蟷螂斧すでに身を支ふのみ」

（雨乃すすき）

「虫嗄るる」季節である。行動の活性が外気温に左右される変温動物のカマキリだから、伝家の宝刀の鎌はもう思いどおりに振り回せない。数少ない狩りのチャンスを逃してばかり。降りしきる枯れ葉の音を聞きながら、ただ終焉の時を待つしか術はない。「枯蟷螂」「蟷螂枯る」などと俳句に詠まれるのは、そんな枯れ葉色の初冬のカマキリである。

カマキリは木の葉のように、体色が緑から枯れ葉色に変色するわけではない。オンブバッタなど緑色型と褐色型のいるバッタと同様に、体色は終齢幼虫が脱皮して成虫になる時に緑色と褐色とがほぼ半数ずつ羽化する仕組みだ。秋になり周りの景色が褐色に染まると、褐色型の成虫が環境に紛れて天敵から逃れられる確率が高まるため、初冬に出会うカマキリの多くが「枯蟷螂」ということになる。

「生き残ったメスは、あたりの草が枯色になってくると体の色が緑色から枯葉色に変わります。目玉は最後に枯れます」などと、アマガエルの体色変化のように、カマキリの体が緑色から枯葉色に瞬時に体色を変えると解説する俳書も少なくないが、これはもちろん誤りだ。

スイセンのミステリー

写真⑲−12

写真⑲−13

立冬の末候は、七十二候の「金盞香」。多くの文献で「金盞はスイセン」と解説しているが、スイセンの開花時期は早い地方でもひと月後のこと。この金盞とは、はたしてスイセンのことだろうか？

日本で最初の和暦を編纂した渋川春海の貞享改暦では、「本邦七十二候」の大雪末候を「水仙開く」としている。これは12月下旬頃に相当するから、開花の実態にほぼ則している。ところが、宝暦暦以降の改暦で、大雪の末候は「鮭群がる」となり、代わって立冬末候が「金盞香」となったことで、水仙は七十二候から消えてしまったのである。

スイセンの日本での記録は、平安時代末期の色紙に描かれたものが最古とされ、15世紀以降は各種文献に登場するようになる。室町時代の漢和辞書『下学集』では、漢名を「水仙華」、和名を「雪中華」と紹介し、「金盞」は「水仙」の異名としている。白銀を思わす白い６枚の花冠の中央を飾る濃黄色の副花冠を盃に見立て、水仙の花の咲く様子を「金盞銀台」といった。

一方、花壇の花や切り花でお馴染みのキンセンカは、黄金色の盞状の形から「金盞花」という。また、隋の梁の魚弘という人が賭けの儲け分を金銭の代わりに珍花に求めたのが「金銭花」の始まりで、それが「金盞花」に訛ったという。

金盞花は10月から５月と花期が長く、「冬知らず」の名もあるように冬も咲き続ける。そして、この花が中国から渡来したのが江戸時代末。こうして、水仙の異名の金盞は、江戸末期に広まった金盞花にすり替わってしまったのではないかと思うのだが、果たして真実やいかに。

紅葉と黄葉

初冬の山河は、赤、朱、紅、黄と、色とりどりに彩色された絵巻へと変容する。紅花を揉んで紅い色を出すことを「揉出（もみづ）」といい、これが名詞化したのが「もみぢ」の語源らしい。また、「秋の露や霜で葉が紅や黄の色に揉みだされる」意の「紅出（もみいづる）」が由来ともいわれる。

今ではモミジといえばモミジやカエデの紅い紅葉のことだが、万葉の時代、木や草の葉が紅、黄、褐色の様々な黄（紅）葉を広く「もみじ」と呼んだ。

『万葉集』で詠まれる紅葉のほとんどは黄葉で、「紅葉」と記すのはわずかに一首。上代の里山はコナラやクヌギの木が多く、黄葉が身近だったと発掘調査の研究から推論する人もいる。中国を代表するのはトウカエデの黄葉。唐の文化の影響を色濃く受ける時代背景から、大伴田村大嬢の「わが屋戸に黄変（もみ）つかへるでみるごとに　妹をかけつつ恋ひぬ日はなし」のように、紅葉も黄葉と詠んだという説もある。

写真⑲−14

カエデ属は世界に約200種あり、北半球の温帯に野生している。アメリカ・ヨーロッパで20種程、中国には95種が分布し、日本には26種が自生する。大陸の紅葉は黄や黄褐色が大半なのに対し、日本の紅葉は色とりどりの鮮やかな錦色に染まる。その訳は、種独特の紅葉の色合いと、葉の形が多様なカエデ類が多種産するからである。

冬
初冬
⑲立冬

晩秋初冬の雨

写真⑲－15

「冷たい雨→木枯らし→小春日和の繰り返しが、晩秋初冬の天気のリズム」と倉嶋厚は立冬の頃の気象の変化を明快に解説する。立冬前後から、日本付近を低気圧と高気圧が交互に通過するため、この時期の天気は周期的に変わりやすい。

里の水田に朝から降ったりやんだりの雨が続いていた。冬の雨にしてはわずかな温もりを感じる、まさに晩秋初冬にぴったりの中途半端な季節の雨降りである。昆虫はこの初冬の暖かな「液雨」の「薬水」を舐めて巣篭りに入るのだそうだ。

「初しぐれ猿も小蓑をほしげ也」

（芭蕉）

写真⑲－16

時雨は初冬の冷たい「通り雨」をいい、旧暦十月は「時雨月」の異称もある。先ほどまで晴れていた空がにわかに黒い雲に覆われ、雨が降り出し、やんだかと思えばまた雨が降り注ぐ。朝、わずかな雨が降ったりやんだりを繰り返す「朝時雨」。そして「夕時雨」に「小夜時雨」と宵も夜も時雨は時を選ばない。さらには陽の指す片方の雨雲から降る「片時雨」、月明かりの中を降る「月時雨」と、陽にも月にも初冬の雨は降ってはやみ、通り過ぎてゆく。

小春日の狭間

「小春ともいひ又春の如しとも」

（高浜虚子）

大陸高気圧に覆われた初冬の里は「小春日和」の穏やか陽気である。田の畦の枯れ草に紛れて青いスギナが生えている。その葉先に止まるのはハネナガヒシバッタ。さらに、青草の残るあたりに足を踏み入れると、ツチイナゴが元気に飛び出す。冬はなお先のことかと錯覚してしまうほどである。いずれも成虫越冬するバッタだから、さらに極寒の季節を生きぬくのである。越冬を前に、暫し小春日の温もりを楽しんでいるのだろう。

写真⑲－17

小春は旧暦十月の異称で、立冬から小雪の頃の春のような陽気をいう。ドイツ語では「老婦人の夏」、ロシア語では「おんなの夏」、英語では「インディアン・サマー」と呼ばれる初冬ながらなお秋を引きずる心地よい日和である。

一方、枯れ草の上には、暫く前に息絶えたのか、黒ずんだエゾイナゴの屍が転がる。成虫で越冬できない「冬の蝗」は死の季節を迎える。

「冬蜂の死に所なく歩きけり」

（村上鬼城）

秋と冬の狭間の季節。小春の野に、昆虫の生と死が行き来する。

写真⑲－18

写真⑲－19

冬　初冬　⑲立冬

⑳ 小雪（しょうせつ）　雪が降り出す

・新暦：11月22日〜12月6日頃　・旧暦：十月　・和風月名：神無月

写真⑳－1

小雪は新暦の11月22日頃で、太陽黄経が240度の点を通過する日。小雪は、寒さも未だ厳しくなく、雪の降り始めで、大雪にもならない頃である。木枯らしに木々の葉も散り落ち、いつしか野は枯れ草色に染まり、ツワブキの黄色い花が眩しく映る季節である。

「蝶ひとつとばぬ日かけや石蕗の花」

（其角）

北国の雪嶺の純白は、山里まで日ごとに早足となって冬の色を運んで駆け下りていく。北海道や東北などに続いて、新潟や石川など北陸の平地で初雪の降り始める頃だ。

江戸時代、「枯野見」という初冬の行楽があったという。紅葉も終わり葉が散り落ちた冬枯れの景色の中、弁当や酒を提げて、日帰りで雑司ヶ谷あたりの遊山を楽しんだのだそうだ。小春日和に遊ぶ、これこそ風流の極みかもしれない。近年はヒートアイランドの影響もあってか、都心のイチョウの黄葉やモミジの紅葉は遅れ気味となっており、東京の紅葉の平年値は11月28日、大阪が12月3日となっている。

「とある日の銀杏もみぢの遠眺め」

（久保田万太郎）

都会暮らしの人にとって、侘びさびの枯れ野を楽しむのはまだ先のことになる。それどころか、紅葉狩りがよう

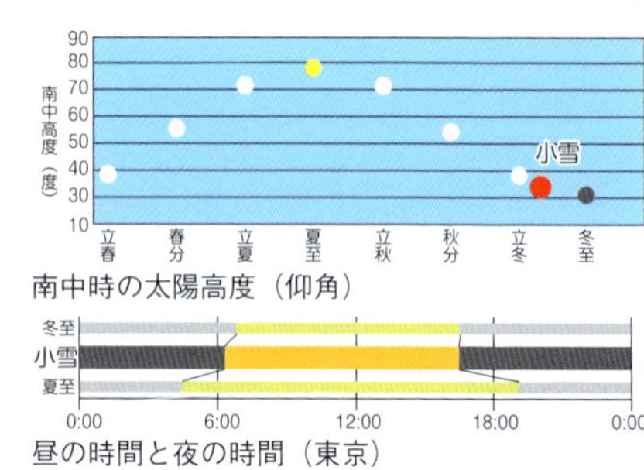

南中時の太陽高度（仰角）

昼の時間と夜の時間（東京）

冬
初冬
⑳小雪

写真⑳－2

やく小雪以降の楽しみとなってしまっている。ちなみに、立冬末候に始まる東京のイチョウの黄葉は、平成19年は平年より6日遅れの11月25日であった。

「しぐるゝや田のあらかぶの黒む程」

（芭蕉）

松尾芭蕉が没したのは元禄七年十月十二日（1694年11月28日）。その俳聖の忌日である旧暦十月十二日が「時雨忌」である。旧暦の十月の異名は「時雨月」で、初冬は時雨の季節。時雨は、大陸から流れ込む寒気が、日本海や東シナ海の海面で温められ対流雲が次々に発生し、雪や雨が断続的に降る状態である。気温3℃以下では雪になることが多いので、能登半島以西の北陸や山陰では雪の時雨が発生しやすい。

日本海のこの寒冷前線は、時雨ばかりか「冬の雷」を発生させる。秋田から若狭湾に至る日本海側の地域では、

写真⑳－3

初冬が雷発生の最盛期だ。秋田沖の初冬の雷は「鰰雷」と呼ばれ、海岸に産卵のため多数のハタハタが押し寄せる。雷神の使いであるとして「鰰」の字があてられる。師走の北陸のそれは「鰤起こし」と呼ばれ、寒ブリ漁の最盛期となる。太平洋側に多い夏の雷と違い、放電量の大きな「一発雷」になりやすく、大雪を呼ぶ「雪起こし」の合図でもある。

「唯一つ大きく鳴りぬ雪起し」

（高浜虚子）

写真⑳－4

雪国では、カマキリもまた初雪を知らせる。産卵の終わった30日後には雪が降り出すことを、新潟の酒井興喜男（「③啓蟄」参照）は緻密な調査で立証した。さらに、イラガの繭作りの開始や、ハチが結婚飛行に備えて一斉に集合する行動などから、90日後の根雪日を推定できるという。

山形の米沢盆地のあたりでは飛行蜘蛛を「雪迎え」と呼ぶ。空に向かって飛び立つクモの細い糸が見え始めたら、雪に閉ざされる日々の備えをする時が来た合図である。海の魚や陸の昆虫は季節を先取りする高精度のセンサーであり、頼りになる自然暦である。

小雪の七十二候

初候「虹蔵不見（にじかくれてみえず）」虹が現れなくなる　・新暦：11月22日～27日頃

空に陽気が消え、虹も見かけなくなる頃である。虹は大気中に水滴があることが条件となる。初冬になると、雨は雪や霰に変わり、陽光に虹を作り出すほどの勢いはもうない。しかし、冬でも虹は出来る。だが、それは稀なことなので「神は地上におはし給わず冬の虹」（飯田蛇笏）と尊ばれることになる。

写真⑳－5

太陽光線から40～42度の範囲に広がったものを主虹といい、その外側のやや暗い虹が副虹である。

次候「朔風払葉（さくふうはをはらふ）」北風が葉を払いのける　・新暦：11月28日～12月２日頃

写真⑳－6

真冬の訪れを告げる冷たい北西の季節風が木の葉を払いのける頃である。「木枯らし」とは、木の葉を揺らす風のこと。枝先に名残惜しく枯れ残る枯れ葉が、その寒風に吹き飛ばされ空を舞う。既に散り落ちた葉も「落ち葉風」に揉まれ、転がって消えてゆく。

「西吹けば東にたまる落ち葉かな」（蕪村）

気象庁の植物季節観測では、落葉樹の葉が約80％落ちた日を落葉日としている。イチョウの落葉日の平年値は、東京が11月26日、大阪が12月３日となっており、ちょうど小雪の気にあたっている。

末候「橘始黄（たちばなはじめてきなり）」タチバナの葉が黄葉し始める　・新暦：12月３日～６日頃

橘の葉が黄ばみ始める頃である。和歌山の温州（うんしゅう）蜜柑の収穫がそろそろ始まる。果実は緑から次第に橙黄色に変色するが、成熟期は９月～12月と品種により異なる。温州蜜柑原産地は鹿児島県長島で、中国から伝来したものが突然変異して生まれた。

写真⑳－7

タチバナは日本固有の野生種で、和歌山、三重、山口、四国、九州の海岸部に自生する。京都御所の「右近の橘」で名高い。繁栄と長寿をもたらすとされ、鬘や薬玉などにして飾られ、文化勲章の意匠でもある。

野地菊の花

写真⑳－8

海岸を間近に見る小さな社の傍の岩場。初々しい白い舌状花を、一輪のノジギクが目映く輝かせている。株は岩場の隙間から茎を伸ばし、枝先の頭花を力強く陽に向けている。岩場のあちこちに、淡緑色の小さな蕾をつけた株が、「海岸近くの崖などに群生する」という植物図鑑の解説そのままの光景でしっかりと張り付いている。

ノジギクは牧野富太郎が明治17年に、現在の高知県吾川郡吾川村で発見した。兵庫、広島、山口、愛媛、大分各県の瀬戸内海沿岸、高知、宮崎、鹿児島各県の太平洋沿岸と種子島に分布する。瀬戸内海沿岸、愛媛県には変種セトノジギクが分布し、ノジギクより葉が薄く、花の数が少ない。変種アシズリノジギクは高知県、愛媛県に分布し、葉が3中裂し、厚く毛が多い。牧野はノジギクを栽培菊の原種と考えたが、北村四郎は中国に自生するチョウセンノギクとハイシマカンギクとの自然雑種としており、後者が有力な見解となっている。

ノジギクは栽培菊が野生化したという説もある。膨大な品種をもつキクの園芸種の染色体数は、四倍体から八倍体レベルまでの幅広い変異がある。二倍体から十倍体の染色体の野生ギクは、これらのほとんどと交雑する可能性があるという。遺伝子汚染の現場、その一つが墓場。お供えの花に集まった昆虫たちが野生種との交雑を進め、ノジギクをはじめとする野生ギクの純血は、危機に陥っているそうだ。

伊藤左千夫の小説『野菊の墓』のヒロイン民子は流産で世を去る。「可憐で優しくてそうして品格もあった。厭味とか憎気とかいう所は爪の垢ほどもなかった。どう見ても野菊の風だった」という薄幸の民子。開発の手を免れた小さな社で、ようやっと生きながらえるノジギクの行く末。その二つが、どうしても重なって見えてしまうのである。

蛇足だが、『野菊の墓』の野菊は、小説の文脈や舞台となった江戸川の「矢切の渡し」付近の植生から、カントウヨメナだろうとする意見が多い。

柞紅葉（ははそもみじ）

写真⑳－9

紅葉狩りの主流はモミジの紅葉で、名所は桜の花見に劣らぬ賑わいを見せる。だが、近所の雑木林の紅葉や黄葉にも目を向けてみよう。雑木林の「雑木紅葉」は「楢紅葉」や「柞紅葉（ははそもみじ）」と呼ばれ、古くから身近な季節の風景として愛でられて来た。

「涸沢にあひつぐ柞紅葉かな」
（雨乃すすき）

柞は古くはコナラを指していたが、今ではナラ類、クヌギ類の総称である。モミジの鮮やかな赤や紅を主とした紅葉とは違い、こちらは黄や茶が主役の紅葉である。コナラやアベマキのナラ類の赤茶に混ざり、アカメガシワの明るい黄や、ヤマハゼやヤマウルシの紅が色を添える。

見慣れたはずの楢林が海老茶に染まり、初冬の夕日に照らされる時、身近な自然の素晴らしさに驚かされ、改めてそれをありがたく思う瞬間である。

返り花

「凩に匂ひやつけし帰花」　　　（芭蕉）

小春日の枯れ野にスミレが咲いていた。「返り花」である。季節はずれに咲く花には「帰り花」「二度咲」「忘れ花」などの詩的な言い回しがあるが、一方で「狂い咲き」「狂い花」といった無粋な表現もある。いずれにせよ、季節の移ろいに逆行する現象に変わりはない。

成長抑制ホルモンと季節はずれの高温で起きる現象である。普通なら、花芽が形成されると、葉に成長抑制ホルモンが作られ、花芽に移動する。すると、葉は落葉し、花芽は成長せずに春を迎える。そして、成長抑制ホルモンは冬の寒さで壊され、春の深まりとともに花芽が成長し開花する仕組みだ。ところが、晩秋に時ならぬ寒波が来て、後に暖かな日が続けば、季節はずれの開花が起こる。成長抑制ホルモンが花芽に届く前に、台風などで葉が引きちぎれ、その後に異常な暖かさが来た時も同様に開花が起こる。

スミレ類は冬を除き一年中花を持つと言えば驚くだろう。蕾のまま自家受精し実をつける「閉鎖花」が人知れず咲いているのだ。本来、スミレは桜吹雪の頃、花弁のある花をつけるが、閉鎖花になるはずの蕾が、秋を春と錯覚して開花するのがスミレの返り咲きである。

閉鎖花は開放花に比べ著しく結実率が高く、秋にたくさんの種子を実らせる。一方、開放花は昆虫で受粉し、他の個体群の遺伝子を取り込むので遺伝的多様性を高め、子孫の繁栄に有利である。スミレは量と質の二つの異なる繁殖戦略の持ち主なのである。

写真⑳－10

銀杏落葉

写真⑳－11

「梢より銀杏落葉のさそひ落つ」

（高浜虚子）

小雪の末候には、モミジの紅葉と入れ替わるように、イチョウの黄葉が終わりを告げる。祝宴に酔いしれるかのように葉を紅く染める里の木々に降り落ちる露もやがて霜となり、黄葉のはらりと落ちる深い寂寥の響きを厚く積み重ねる。六十路をとうに過ぎたゲーテは、２枚のイチョウの葉を添えて「銀杏」の詩を若き人妻に送ったという。早く、遅くと散る秋色に染められた狂想の旋律に、もう少し戯れていたかったのだろうか。しかし、厳しい冬の気配の漂う仲冬の大雪へと季節は否応なく進んでゆく。

そんな詩情の世界とは打って変わり、イチョウの落ち葉には手ごわさも兼ね備える。丸裸の木の根元に敷き積もった黄金色の無塵の輝きを眺めて「ここには雑草が生えないな」と呟く人も多いだろう。これはアレロパシー（他感作用）の効で、他の植物の成長を抑制しているからである。セイタカアワダチソウが初冬の野をオレンジ一色に寡占できるのも、これと同じ作用の効果である。公園や街路樹の除草に悩む管理者にはありがたい植物といえそうだ。

イチョウは、コルク質の厚い樹皮を纏い、強い発根性と萌芽性を備えた頑強な木でもある。親鸞上人が突き立てた枝がそのまま根づいた逆銀杏や、関東大震災で黒焦げになった木が数年後に芽吹いたなどの逸話がそれを裏づける。

雪虫

雪虫は「綿虫」とも呼ばれ、体に綿のように見える白い蝋物質を纏っていて、飛ぶ姿は雪が舞うようである。正体はワタアブラムシ類で、この仲間のリンゴワタムシやナシワタムシは果樹害虫としてよく知られる。普通、アブラムシ類は無翅型のメスが単為生殖で繁殖を繰り返すが、寄主植物を転換する時期に有翅型のオスとメスの親が発生し、新しい寄主植物を求めて飛び回る。例えば、トドノネオオワタムシは、初雪の少し前に有翅型が羽化して、トドマツからヤチダモに移って産卵し、その卵が越冬する。雪虫が大量に現れるのは晩秋から初冬。北の地方ではちょうど初雪が降る頃で、冬支度を促す自然暦の代表的な昆虫である。

写真⑳−12

「雪虫のゆらゆら肩を越えにけり」
（臼田亜浪）

雪虫は「雪ボタル」「雪婆」「白粉婆」「大綿虫」「大綿」などの別称があり、冬の季語とされている。北海道、東北、信越地方では、雪の季節に活発に活動する虫のことを雪虫と呼ぶ。これは、トビムシ類のほか、ニッポンクモガタガガンボ、セッケイカワゲラなど、雪の上を歩いたり、飛んだりする昆虫の総称で、これは春（早春）の季語である。ところが、戦後はどちらも冬の景として詠まれている。ふわふわと空を舞う姿は、「綿虫」と呼ぶより、「雪虫」と呼ぶほうが詩的かもしれない。

「しらしらとゐてわた虫のとぶ寒さ」
（長谷川素逝）

枯草を詠む

写真⑳−13

「やっぱり一人はさみしい枯草」
（種田山頭火）

朽野、枯野、冬野、冬田……。まだ微かに青草を残す初冬の里山だが、北風に揉まれる日を重ねるうちに、寂寥感の漂う言葉が似合う冬の風景に変貌する。やがて、野がすっかり枯れ草に包まれると、絶望や失意だけが醸成される思いにされる。そして、寒風を運んできた重たげな時雨雲を見上げるのである。

「枯草に尚さまざまの姿あり」
（高浜虚子）

歳時記を捲れば冬枯れの植物の季語がずらりと並ぶ。冬枯、霜枯、冬木立、裸木、枯木立、枯藤、枯蔦、枯茨、枯葛、枯葎、枯忍、枯薊、枯芒、枯芦……。冬枯の植物を写す言葉の数々で、地味で冴えない姿となった植物を詩に紡ぐ。美しい草花や錦秋の季節ばかりでなく、枯れ果てた植物の美さえ見逃さない感性の豊かさがそこにある。これこそ、四季折々の豊かな自然の国に生きる人々の繊細で確かな観察眼の証だろう。

写真⑳−14

㉑ 大雪（たいせつ）　本格的に雪が降り出す

・新暦：12月７日～12月21日頃　・旧暦：十一月　・和風月名：霜月

写真㉑－１

大雪は新暦の12月７日頃で、太陽黄経が255度の点を通過する日。雪が本格的に降り出す頃である。北国の山は雪に覆われ、北陸や中国地方の日本海沿岸にも雪が積もり始める冬本番の季節となる。

1812年のロシア遠征で、皇帝ナポレオンの率いるフランス軍は、ロシアの厳しい冬の寒さに阻まれ敗退した。その厳寒を、イギリスの記者が“general frost”と表現したのが「冬将軍」の言葉の始まりだ。日本では、冬季に周期的にシベリアから南下して来る、上空5,500m付近の気温が氷点下36℃以下の北極気団（シベリア寒気団）のことを指している。

日本海に流れ込む対馬海流は10～15℃で、ここへ冷たい冬将軍が入り込むと、大きな温度差によって大気は激しい対流を起こし、積雲や積乱雲の対流雲が発生する。その雪雲が日本海側に強い降雪をもたらすため、日本海側の地域は世界有数の豪雪地帯となっている。一方、太平洋側では乾燥した北西の季節風が吹き荒れる。

旧暦の十一月の和風月は「霜月」。東京の初霜の平年値は12月14日で、ちょうど大雪の気にあたるが、大阪では11月30日、名古屋が11月24日と、こちらは少し早めの小雪の気となってい

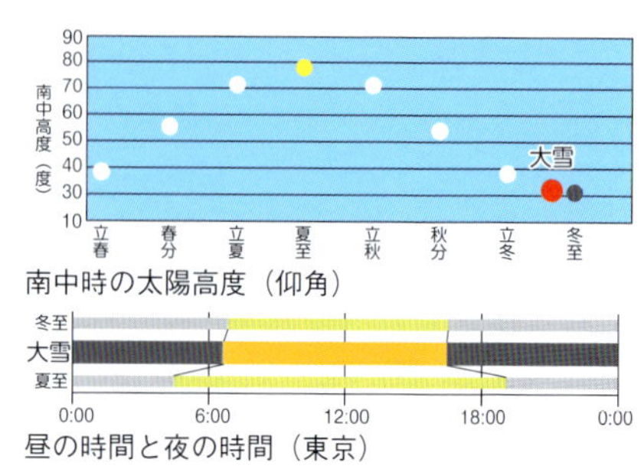

南中時の太陽高度（仰角）

昼の時間と夜の時間（東京）

冬

仲冬

㉑大雪

る。霜は、地表の水蒸気が冷気に触れ昇華して氷の結晶となり、冷たくなった地上の枯れ草などに降りて成長して出来る。

写真㉑－2

「霜柱土を越してゐたりけり」

（原　石鼎）

霜柱は地中の水分が凍って氷となったもので、下から補給される地中の水分が、既に出来た上の氷を押し上げながら柱状に成長していく。霜柱の発生には土質が関係し、関東ローム層の土粒が適した大きさだという。

写真㉑－3

「散紅葉交へて離々と初氷」

（川端茅舎）

初氷はその冬に初めて張る氷で、東京および大阪の平年値は12月11日前後、名古屋は12月２日となっており、いずれも大雪の気にあたる。初氷や初霜は、放射冷却によって冷え込む雲や風のない晴天の「霜夜」の朝に記録されやすい。霜の日は、「霜晴」や「霜凪」の穏やかな「霜日和」となる。

仲冬に入ると、温暖な西日本なども日中の気温が10℃を下回る日が増え、暖かな日にキャベツ畑を飛んでいたモンシロチョウもいつしか姿を消している。一方、成虫で越冬する昆虫は10℃を超えるような冬晴れの日は、日だまりでの日光浴や、サザンカなどの花に集まる姿があり驚かされる。

写真㉑－4

低温に晒されることで冬眠が誘発される生物にとって、本格的な冬の到来の遅れ気味なご時世は、越冬のタイミングが狂うのではと心配だ。酒井興喜男は、スギの木に生み付けられたカマキリの卵嚢の高さのデータから積雪量を推定する予測式を研究し、「カマキリが高い所に産卵すると大雪」が俗信でないことを立証した。暖冬に惑わされない生きものがいることも、また真実である。

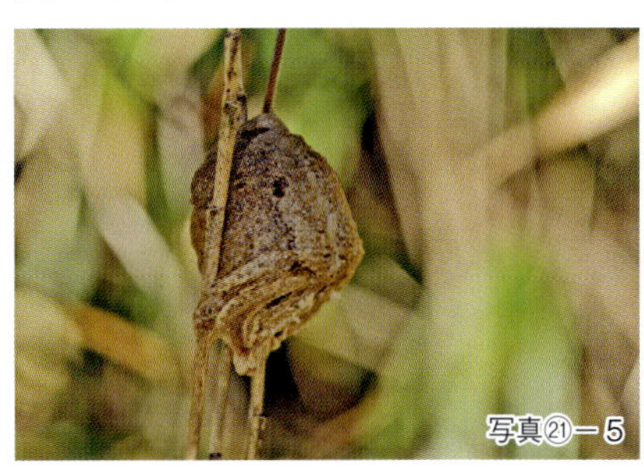
写真㉑－5

大雪の七十二候

初候「閉塞成冬（へいそくしてふゆとなる）」天と地が塞がり真冬になる　・新暦：12月7日～11日頃

写真㉑－6

「黄昏の象きて冬の壁となる」（富沢赤黄男）

天と地が塞がり真冬になる頃である。冬至まで約2週間。日々に、日の出が遅くなり、夕暮れが早くなったと感じる暗い仲冬の入り口の季節である。灰色の雪雲がたれ込める陰鬱な空。冷たい風になびく枯葦原。蕭条たる風景が暗く寒々しい季節を象徴する。

次候「熊蟄穴（くまあなにちっす）」熊が冬眠のために穴に篭る　・新暦：12月12日～15日頃

写真㉑－7

熊が穴に入って冬眠を始める頃。冬季の餌が不足する冬季、熊は運動や摂食をやめ、エネルギーの消耗を抑える。ツキノワグマは、冬眠中の体温の低下はわずかだが、呼吸量を5分の1に抑え、代謝を抑制している。

冬眠中の1月頃に出産することなどから、いわゆる冬眠とは異なるとする意見もある。

晩秋、ドングリなどの堅果類、ヤマブドウ、カキなど果実を大量に食べ、冬眠に備え脂肪を蓄積する。里山が荒れた現在、餌の不足した越冬前の熊が人里まで侵入し、人とトラブルを起こす事態が増えている。ドングリなどの凶作の年に、これが顕在化する傾向がある。

末候「厥魚群（けつぎょむらがる）」鮭が群がり川を上る　・新暦：12月16日～21日頃

写真㉑－8

鮭が群れとなって、川をさかのぼってゆく頃。利根川水系では、10月下旬から遡上が始まり、この頃累計数がピークになる。産卵期に、沖合の海から生まれた川に戻って来る。この時期のベニザケのオスは婚姻色で体が紅色に染まり、カラフトマスのオスは二次性徴により背中がこぶ状に盛り上がる「背っぱり」、吻の先端が伸びるて曲がる「鼻曲がり」になる。

日本で生まれたシロサケは約4年目の産卵の年に、アリューシャン列島から日本の河川に帰ってくる。川の匂いは十数種類ものアミノ酸の組成によって決まっている。その匂いを、サケの稚魚は川から海に到達する間に一度だけ記憶する。これを「母川記銘（ぼせんきめい）」という。

散紅葉

写真㉑－9

溢れるほどの華麗な輝きから、カエデの紅葉が一枚、また一枚と美の終極へと散り染める仲冬。「たつた川もみぢばながる神なびの　みむろの山に時雨れふるらし」と艶麗なるものの衰亡とその行く末に秘められる陰の時空を、古人は滅びの美学で見事に詠った。

俳人は旬がとっくに過ぎたものにも眼差しを向け、深遠な言葉を紡ぐ。冬になってもなお鮮やかな紅葉が「冬紅葉」、梢の先に数枚だけ残っているのが「残る紅葉」という。

「冬紅葉」も「残る紅葉」も落ち果てた裸木の株元には、地を赤や黄に染める「散紅葉（ちりもみじ）」。

「散紅葉草の庵の屑を売り」

（川端茅舎）

写真㉑－10

イロハカエデはその散り際の美しい「もののあはれ」の象徴として、平安以降の詩歌や工芸などに数多く取り上げられたのである。

さて、国字の「楓」は中国ではマンサク科のフウのことで、日本には自生しない。中国では「槭」をあてる。唐の政治や文化を模倣し、その権威だけでなく、美や品性までも拠り所とした平安の世、見事なまでに山を紅く染め、品格をも備えたカエデ属の木を、彼地で霊木であり、美しく紅葉するというまだ見ぬ楓と見なしたようだ。これ以降、美術や詩歌に扱われる「もみじ」は紅変するカエデ類を示すものとなり、中でも紅葉の美しいイロハカエデを表すものとなった。

落ち葉時

写真㉑－11

「落ちる葉は残らず落ちて昼の月」

（永井荷風）

里山の紅葉はもう盛りを過ぎる仲冬、散り遅れて梢の先にかたまってまだ残る紅葉がある。季節の深まりとともに、葉柄基部の離層に細胞壁の成分を溶かすセルラーゼ、ペクチナーゼなどの酵素が作られる。やがて維管束の木部も切れ、根からの水分の補給も絶え、ついにその名残惜しげな紅葉も落ちる仕組みである。

「木の葉また木の葉の上へ軽き音」

（雨乃すすき）

木々はみるみる葉を落とし、裸木が随分と目立ってくる。そして、林床に積もる落ち葉は日ごとに厚くなってゆく。降り積もった落ち葉が美しく見える「落ち葉時」はほんの一時。雨が降る度にふわふわとした感触や色合いは一気に失われ、乾燥した寒風にさらされパリパリとした「乾反葉（ひぞりば）」に変わるのである。

写真㉑－12

早贄

都市近郊で早贄（はやにえ）を探すのは難しくなった。早贄には習性説、貯食説、なわばりの目印説など諸説ある。さらに、食べきれない餌の食べ残しを刺しておくという説もある。有り余るほど餌が潤沢でない都市周辺で、早贄にお目にかかれない事実は、食べ残し説を裏付ける根拠となるだろう。

写真㉑－13

緑の減少の著しい都市近郊、餌が少ないばかりでなく、早贄を串差しにするための竹や棘のある植物が少ない。そして、有刺鉄線も。昔、有刺鉄線はいたるところに張り巡らされてあったものだ。何事もリスク軽減の風潮の今日、けがの危険性のある有刺鉄線は町中からすっかり姿を消している。

写真㉑－14

モズの鋭い嘴や爪を見れば、かつて猛禽類の一種とされ「モズタカ」と呼ばれていたのもうなずける。姿ばかりでなく、高い枝の上から獲物に飛びかかったり、停飛して餌を狙う行動も十分それを納得させる。とはいえ、凛としたこの小さなハンターといえども、餌の乏しい環境では、貯食のために早贄作りをする余裕などないというのが現実かもしれない。

ヤツデの変身

写真㉑－15

花の乏しい季節に初雪のような白い花を咲かせるヤツデ。受粉の競争相手のいない時期を狙った開花には工夫が一杯。

この花が性転換すると書けばビックリするだろう。しかし、植物が性を変えることは珍しいことではない。と言っても、人間のように体全体が大変身するわけではい。例えば、ホオノキでは、花は最初はおしべだけの雄花だが、次におしべが枯れ、めしべだけの雌花に変わる。

花粉媒介では、吸蜜に来た昆虫の体についたおしべの花粉がめしべについて受粉されるが、同じ花同士で受粉したのでは遺伝的な多様性が保たれない。できれば、他の株と受粉したほうが種族の維持には有利である。

ヤツデやホオノキの性転換は、雄花と雌花の咲く時期をずらし、同花受粉を避ける繁殖戦略だ。咲き始めは花弁とおしべのある雄花(写真㉑－15)だけ。蕊(しべ)は3㎜と短い。その下に蜜を分泌する花床がある。冬に活動するハナアブやオオクロバエなど、口吻の短い昆虫が吸蜜に集まる。写真のように短い蕊がハナアブの腹部にくっつき、花粉媒介者の誕生！

写真㉑－16

数日すると花弁とおしべが取れ、その後2㎜程の花柱が伸び出し、めしべだけの雌花(写真㉑－16) に変身するのだ。そして再び花床から蜜が分泌される。そこへ腹部に花粉をつけたハエやアブがやって来て見事に受粉成功だ。

赤い実と黒い実

写真㉑－17

昆虫の姿がめっきり少なくなる仲冬の林。それを糧としている動物は餌をほかに求めねばならない。そんな季節、野山で人目を奪うのが赤い実。よく目立つ鮮やかな色で、野鳥や哺乳動物にアピールする。苦労して餌を探すこともなく、動物たちは易々と旬の果実を頬張ることができるのだ。

写真㉑－18

果実の色が派手なのは、捕食者に効率よく採餌をしてもらいたいからだが、究極の目的はたくさんの糞を出して欲しいから。実をたくさん食べてできるだけ方々に移動して欲しい。糞に混ざった種が様々な場所にばら撒かれることで、遺伝子をより拡散できるからである。

赤い実に目を奪われていると、地味な黒い実も鈴なりで驚かされる。鳥類は、人間に見えない近紫外線領域の視覚が発達していて、紫色や黒色も認識できる。野山に、赤い実に劣らず黒や紫の実が多いのは、翼があり移動能力に優れた鳥類にアピールして、糞を方々にばら撒いてもらう戦略なのである。

さて、北原白秋作詞の童謡『赤い鳥小鳥』の小鳥たちは赤や白や青の実を食べるのに、山の小鳥に人気の黒い実を食べないのはなぜ？　それは、黒いカラスになりたくないから…。

寒林の天邪鬼

木々の葉が落ち尽くし、林床まで陽が届き始めた寒林に、淡褐色の小さな蛾が興奮したように飛び回っている。多くの昆虫が姿を消す晩秋から早春に羽化する「冬尺蛾」の仲間で、シャクガ科のクロスジフユエダシャクというガのオスである。冬に発生する風変わりな生態は、他に競争相手がいない隙間（ギャップ）を利用する季節的な棲み分け戦略だ。

冬尺蛾類は、フユシャク亜科の14種、エダシャク亜科の15種、ナミシャク亜科の14種が知られ、ほとんどは夜行性なのに本種は昼行性。さらに天邪鬼である。

冬尺蛾類で飛べるのはオスだけ。メスの翅は縮小するか欠除し、飛翔能力がない。本種のメスもやはり無翅で、脚と腹部だけの出来損ないである。さらに、冬尺蛾類の多くは口器が退化し食物は摂取しない。越冬中の体の凍結は、消化管内の残留物が凍結核となって進行するから、核の元を口にしない作戦だ。口器や翅を捨て体表面積を減らし、耐寒性を向上させる工夫である。翅を捨て、交尾や産卵という繁殖行動以外にはエネルギーを無駄使いしない戦略なのだ。

飛べないメスは、腹端からフェロモンを出し、寒林を飛び回るオスに居場所をアピールする。興奮したように林床の周りをオスが飛び回っていたのは、お嫁さん探しだったのだ。冬とはいえど、冬尺蛾類だけはお熱いようである。

写真㉑－19

㉒ 冬至　立冬から始まる冬の中間点

・新暦：12月22日～１月５日頃　・旧暦：十一月　・和風月名：霜月

冬至は新暦の12月22日頃で、太陽黄経が270度の点を通過する日。太陽は赤道から最も南に離れ、北半球での南中高度が最小となり、一年で昼間の時間が最も短く、夜の時間が最も長い日である。12月の月間日照時間の平均値は、東京が166時間、新潟が57時間となっている。

冬至は、太平洋側では可照時間は短いが､日照時間は夏至より長い（「⑩夏至」参照）。この地域では夏至の頃は梅雨の盛りで雨の日が多いが、冬至の頃は寒晴れの日が続くためである。

「寒月や門なき寺の天高し」

（蕪村）

寒々しい冴え渡る天上遥かな冬至の頃の「寒月」は、凛とした孤高の美しさを秘めている。太陽高度は、夏至で最も高く、冬至で最も低い。一方、月は太陽の反対側に位置するから、夏至の頃の満月は南の空低く、冬至の頃の満月は空高く輝くのである。

冬至の頃の最低気温は､札幌が－6.1℃、東京が3.1℃､鹿児島が3.8℃で､東京や鹿児島ではこの頃から降霜や氷結が見られるようになる。「冬至、冬中、冬始め」のとおりに、冬本番の極寒の季節が間もなくやってくる。

「すわりても立ちても日脚伸びにけり」

（久保田万太郎）

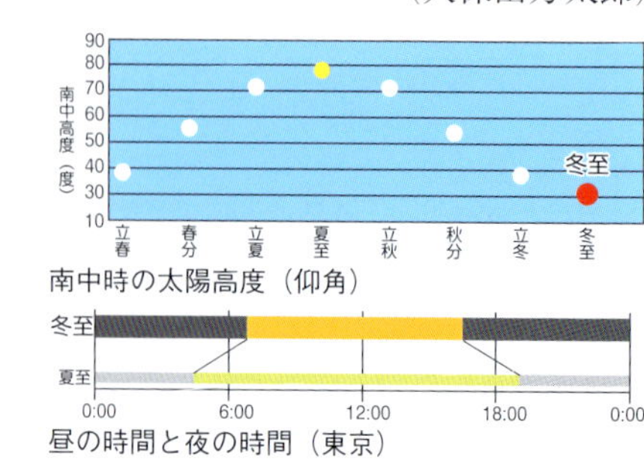

南中時の太陽高度（仰角）

昼の時間と夜の時間（東京）

冬 仲冬 ㉒冬至

冬が早く去って欲しいと願うほど、闇の底をようやく抜け、わずかずつ伸びる日脚に喜びを感ずる時節である。冬至には「冬至粥」「冬至餅」「冬至蒟蒻」「冬至南瓜」などを食べたり、柚子の実を入れた「冬至湯」に入る風習が残っている。益々寒さが厳しくなる季節に供えて、栄養価の高いものを食べ、風邪にも備えるという「薬喰」の風習である。

写真㉒－2

写真㉒－3　写真㉒－4

「山国の虚空日わたる冬至かな」
（飯田蛇笏）

冬至は、この日を境に、地上は日一日と再び明るさを取り戻す「一陽来復」の時。冬至は暦の始まりとして、中国では古から冬至節として祝い、歴代の皇帝にとって最も重要な儀式であった。周以降、前漢の時代まで、冬至のある月を正月とした。古代のローマでも、太陽が復活する日として町をあげての盛大な冬至祭を行った。太陽の神ミトラが冬至に死に、３日後の25日に復活する。この日とイエス・キリストの降誕の日とが結びついたのがクリス

写真㉒－5

マスの起源とされ、日本の新暦の正月も、こうした冬至正月の一つである。

クリスマスや年末の里帰りを楽しみにしている人々を悩ますのが、冷たいシベリア気団による北西の激しい風や大雪をもたらす年末低気圧だ。この「クリスマス寒波」や「年末寒波」は、帰省ラッシュの交通を混乱させるが、12月26日はこの寒波の特異日といわれている。

さて、人の煩悩は百八つあるという。その数は一年の十二ヶ月と二十四節気七十二候の月、気、候の数の合計で、その時々に人を悩まし惑わす煩悩があるのだそうだ。大晦日にはその数だけ鐘を打って、煩悩を洗い清めるのである。

写真㉒－6

冬至の七十二候

初候「乃東生」（ないとうしょうず）ウツボグサが芽を出す　・新暦：12月22日～26日頃

多くの草が枯れている中、乃東だけが緑色の芽を出す頃である。梅雨最中の夏至の初候は「乃東枯（ないとうかるる）」。乃東とは「夏枯草（かごそう）」の古名で、ウツボグサ（靫草）のことを指すという見解もある。夏、花の後に地面に接した部分が四方に匍匐岐となって地に這い広がる。その先端が翌年の苗となり繁殖し、春から大きな群落をつくる。この生活史を元に夏枯草と名づけられた。

写真㉒－7

写真㉒－8

次候「麋角解」（びかくげす）シカが角を落とし始める　・新暦：12月27日～31日頃

写真㉒－9

鹿が角を落とす頃である。オスのシカの角は毎年生え変わるが、実際に角が落ちるのは２月頃である。夏頃までは血液の流れる黒い袋状だが、その後は徐々に袋が破れ角に成長する。１歳では角の又はないが、２歳以降は又の数が増え、三つの又になると成獣である。

メスにもコブ状の突起がオスと同じ場所にあるが、皮の下で伸びることはなく、角状にはならない。

奈良公園内の鹿苑では、秋に「鹿の角きり」の行事があり、切った鹿の角は神前に供えられる。発情期を迎えたオスが人々に危害を与えないよう角を切り落とす、江戸時代から続く伝統行事である。

末候「雪下出麦」（せつかむぎをいだす）麦が雪の下で芽を出す　・新暦：１月１日～５日頃

冬小麦は10月～11月に播種して夏に収穫する。雪に覆われた麦畑では、冬小麦の芽が雪の下で出始めている。あたりは枯れ野の中、寒さの中でも少しずつ伸びてゆく緑の若い麦が印象的である。

「好日の麦の芽の影とあり」

（長谷川素逝）

写真㉒－10

麦が５～10cmほど伸びたら「麦踏」である。伸びすぎないように足で踏むことで、地面の温度の降下を少なくし、霜柱を立ちにくくする効果がある。

足が一番長くなる日

冬至の午後、まだ3時になったばかりだというのに、陽はかなり西寄りの空に沈もうとしていて、もう夕餉の時間かと思うほどあたりは既に薄暗くなっている。この日暮れの早さに、冬至の日は、北半球では南中高度が最小となり、一年で昼間の時間が最も短く、夜の時間が最も長くなる日なのだと実感する。

「物干の影に測りし冬至哉」
（正岡子規）

この日は、日長が短いほかに、冬至ならではの現象がある。それは、とても長い影。太陽高度が一年で最も低いから、夕暮れの斜光線に照らされた枯れ草や冬木立、そして並木や電柱も、周りのものすべてが地面に長い影を描いている。早々家族を呼び集め、冬田の畦に並んで人影を作って遊んでみる。すぐにみんなは巨人になった。何と長い足だろう。そう、今日（だけ）は足が一番長くなる日だ。

写真㉒－11

「風日々に冬至となりし日の黄なり」
（臼田亜浪）

足が長くなったと喜んでばかりはおられない。冬至を過ぎるといよいよ寒さの厳しい冬本番の季節に入る。それでも、冬至を境に、この長い影が教えるように、これからは日脚が日々に、そして確実に伸びてゆく。闇世から光の世界へと転換する一陽来復の時がやって来たと思い直すと、待ち受ける極寒の季節もなんとか乗り切っていけそうな気分になってくる。

冬の雨

「かりそめの雨音いつか冬の雨」
（吉田冬葉）

既に数え日。再び青黒い雲が広がり、また小雨がぱらつき始めた午後。さてはと、冬に降る雨の撮影を思い立ち車を走らせる。相変わらず晴れの合間合間に雨が降り、時折雨脚が激しくなった。このような降ったりやんだりを繰り返す冷たい雨が「時雨」である。だが、これは初冬の雨のこと。冬至の気は仲冬も終わる頃だから、この通り雨を時雨と呼ぶにはもう遅い。「冬の雨」か「寒の雨」というべきだろうか。しかし、寒の入りは次の気の小寒に始まるから、寒の雨と呼ぶのはまだ少し先のことになる。

写真㉒－12

冬至の日から既に１週間経っているから、「冬至雨」も既に時遅しだろう。同じ冬至の気の大晦日の雨は「鬼洗い」で、正月の雨なら御降り（おさがり）あるいは「富下り」である。晴れ着姿のお嬢さんには気の毒な雨だが、元日や三が日に雪や雨が降れば、豊穣をもたらす「富正月」として喜ばれ、「御降り」は縁起の良い、有り難い雨となる。

「面白し雪にやならん冬の雨」（芭蕉）

さて、冬でも雪よりは雨が降りやすい地方の年の暮れの雨をどう呼ぶべきだろう。「冬の雨」「冬雨」と呼ぶしかないのだろうか。

寒月高し

写真㉒－13

天高く孤高に冴え冴えと輝く冬至の月。師走の頃の月は冷気と澄み渡る大気のためか、一層気高く深閑として輝いている。その孤高の輝きの理由は、月天心や沖天心の言葉どおり、天頂に届きそうなくらいに高い所に月があるからだ。

「冬の月寂寞として高きかな」

(日野草城)

北半球では、太陽高度は冬至に最も低く、夏至に最も高い。満月の時、月と太陽は地球を挟んでちょうど反対側にある。さらに、月はおおよそ黄道（太陽の通り道）の上を動くので、月と太陽の高さは逆の関係にある。それで、太陽高度の高い夏至の頃の満月は低く見え、逆に、太陽高度の低い冬至の頃の満月は頭上高く見えるのである。

月の通り道である白道は、黄道に対して5.1度ほど傾いている。月はこの傾きを保ち18.6年の周期で１周し、この間に黄道から5.1度ほど北に傾いたり、逆に南に傾いたりしている。さらに、黄道は赤道に対して23.4度ほど傾く。それで、月が黄道から最も北に離れている冬至の頃、赤道上の月の角度は、黄道からの角度23.4度と白道からの角度±5.1度を加えた角度だけ北寄りにある。

東京の緯度は35.6度だから、冬至の頃

写真㉒－14

の南中高度は、90－35.6＋23.4度±5.1＝73～83度となり、同様に、夏至の頃の南中高度は26～36度となる。もっとも、夏至や冬至の日が必ず満月とは限らないから、これは冬至や夏至の頃の満月を見た時の高度の場合である。このように、冬至の頃の満月は夏至の頃よりずっと高くて輝いて見えるのである。

初氷

「とする間に水にかくれつ初氷」(太祇)

東京の初氷の平年値は、1950年代は11月中旬頃から12月初旬。近年は12月下旬から１月初旬。小雪のものだった初氷が、今ではひと月遅れの冬至の風物になっている。さらに、３月下旬から４月上旬だった終氷は、２月下旬以降から３月中・下旬とひと月程早まっている。４ヶ月程あった氷の張る期間が、わずか２ヶ月に短縮されている。

写真㉒－15

さて、初氷は気象台や測候所でどんな方法で観測しているのだろう。なんと水を入れた金属製の容器に氷が張っていないか人の目で確認するアナログな方法だという。気象台で発表される気温は地表から約1.5mの高さの測定値である。放射冷却で冷え込む朝は、地表と３℃程度の差が生じることがあるため、気温が３℃程度の日でも氷が張ったり、霜が降りたりする。

天気予報をチェックして、明け方に３℃以下になる前日、私もその方法で初氷を調べてみたことがある。狙いどおりご覧のような見事な初氷が出来ていた。平成23年12月24日の朝のことだった。やはりこれも冬至の気の記録であった。

初雪

「初雪や消えればぞ又草の露」（蕪村）
我が町にもようやく天からの白い使者がやって来た。初雪は雪が初めて降った日のことで、積もらなくても、霰でも初雪として記録される。初雪は10月下旬の北海道に始まり、11月中旬に東北、北陸、中部の各地方、近畿、四国、九州では12月初旬から中旬となる。山岳地帯ではこれよりも早く、富士山では９月10日、終雪は７月９日頃である。夏の最高気温を記録した後の最初の雪が初雪とされているから、富士山では８月に初雪と終雪が記録される年もある。

写真㉒－16

東京や大阪では初雪が遅い。東京での過去30年の平年値は１月２日となっている。最も早い初雪は明治33年11月17日。最も遅い初雪は平成19年３月16日。これは初雪の観測開始（明治９年）以来、最も遅い記録で、平年より73日遅く、これまでの昭和35年２月10日を１ヶ月以上更新した。この日の初雪は、午前７時から約５分の間、雪が解けかけた、ぱらぱら降るみぞれで、その後雨に変わり、午前７時半頃から45分間粉雪が舞ったが、積もることはなかった。

東京の初雪は年明けが相場となってしまった。温暖化や都市熱の問題が改善されない限り、ホワイトクリスマスは夢物語で、既に都市伝説となっているかもしれない。

正月飾り

写真㉒－17

正月飾りの鏡餅、門松、注連縄にはウラジロ、ダイダイ、ユズリハなどの植物が添えられる。葉つきのダイダイは繁栄を、ユズリハは家系が絶えないことを象徴する縁起ものの植物である。

ウラジロは、垂れ下がる葉が稲穂を、白い葉の裏が米を連想させる。左右対称に整い、大きく見栄えの良い葉は、豊作のシンボルとして正月飾りに使われる。近畿地方の一部でウラジロを「ホナガ」と呼ぶのは、たわわに実る稲穂の象徴なのだろう。

門松に使う松は神の依代で、歳神様が降りてくる目印の神木である。

鏡餅などの正月飾りが次第に姿を消しつつあるのは、門松を飾るスペースすらない狭い敷地、鏡餅を飾る床の間のない間取りなど、住宅を取り巻く構造や環境の変化の影響だろう。さらに、自然に対する畏敬の念や慈しみが失われつつあるのも要因だろう。身近な自然が失われ、神々の依代も消え、歳神様は何処におわすやら……。

写真㉒－18

㉓ 小寒　本格的に寒くなり出す

・新暦：１月６日～19日頃　・旧暦：十二月　・和風月名：師走

写真㉓ー1

小寒は新暦の１月５日か６日頃で、太陽黄経が285度の点を通過する日。寒さが最大になる、寒の入り口の頃。１月初旬頃は、地球と太陽の距離が最も短くなる近日点を通過する頃である。遠日点（７月初旬頃）と比べると、太陽からの入射熱は７％も高いから、それにつれ気温も上昇しそうだが、自転軸が傾いているから、太陽に接近しても北半球の日本は寒い冬を逃れられるわけではない。この日が「寒の入り」で、この日から節分までの約30日間が「寒の内」である。

「踏み踏みて落葉微塵や寒の入」

（飛鳥田孋無公）

現代に比べ、厳寒の季節を過ごすには完璧でなかった古の人々は、今の人よりずっと春を待ち焦がれたのだろう。宮中の女官の、冬至から日々に日脚が短くなるのを紅の線で測ったという「紅線日を量る」や、99個の丸や花びらの印を色で塗りつぶす「九九消寒」は、寒が明けるのを待ち焦がれる中国の古い習わしである。

安定した西高東低の典型的な冬型の気圧配置が続くこの季節は、日本海側では雨や雪の降る陰鬱な日が続くが、瀬戸内海側と太平洋側では乾燥し晴れた日が続く。煤塵を吹き払う季節風の影響も相まって、東京から100km離れ

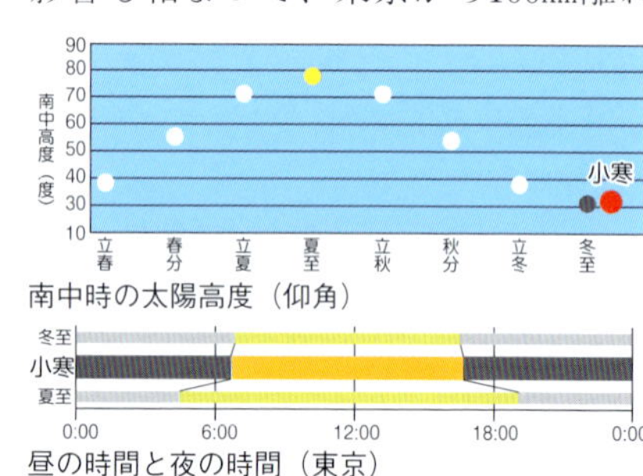

南中時の太陽高度（仰角）

昼の時間と夜の時間（東京）

写真㉓－2

た富士山の姿が見える頻度が高いのはこの頃である。

「凍て空の鳴らざる鐘を仰ぎけり」
（飯田蛇笏）

「寒晴」の太平洋側では、冴え渡る青空と澄み切った空気に見る景色は凛として鮮やかである。夜の星もまた一層輝きと鋭さを増して見える「凍星」「荒星」。オリオンをはじめ、「冬銀河」「冬北斗」「寒昴」と冬の星が寒天を飾る。このような星降る夜は、地上の熱が天に放射され、地表の気温が下がり霜夜になりやすい。

「オリオンの三星の間の確なる」
（雨乃すすき）

写真㉓－3

一方、この晴天の日は、山を越えて吹き下ろす乾燥した風の影響もあって、空気が乾き、火災が発生しやすい冬の干ばつ「寒旱」を引き起こすことにもなる。インフルエンザの流行もこうした気候の時である。平成22年の年末から翌年の1月にかけて、鹿児島県出水のナベヅルや宮崎県などの養鶏が鳥インフルエンザにかかり騒ぎになったのは記憶に新しい。

「寒ぬくし浪打際の雨の脚」
（松根東洋城）

東京では1月10日、大阪では1月6日を過ぎる頃から最高気温が10℃を割るようになり、この頃から平均気温は6℃を下回り始めるが、降るのはまだ雪より雨である。寒に入って9日目の雨が「寒九の雨」。この頃の雨は豊作の兆しと言われ、この時期に乾燥の続く太平洋側では、確かに慈雨に違いないだろう。

写真㉓－4

「初雪の年の内にはふらざりし」
（正岡子規）

東京の初雪の平年日は1月2日で、小寒の気になってようやく雪が降り出す。平成19年は3月に入っても初雪が降らず、観測開始以降初めての雪の降らない年になるかと思われたが、3月16日にようやく初雪を観測した。これまで最も遅かった昭和35年2月10日の記録を47年ぶりに塗り替える、平年より73日も遅い初雪であった。

小寒の七十二候

初候「芹乃栄（せりすなわちさかう）」セリがよく育つ　・新暦：1月6日～9日頃

写真㉓－5

セリがよく生育する頃である。水辺で「競り」合うように生える活力に満ちた姿が、七草粥の若菜の一つに選ばれた理由らしい。

万葉集にあるセリの歌は2種。葛城王は「あかねさす昼は田賜（たた）びてぬばたまの夜の暇に摘める芹これ」と詠った。セリは古くから食用にされたようで、冬から春にかけて出る茎や葉を摘んでおひたし、天ぷら、汁物などの食材として利用される。元気にはびこるハコベラ、「田開く」に通じるタビラコ、さらに御形（ごぎょう）や仏の座。そして、神に通じる鈴のスズナ、純白潔癖のスズシロと、どれも正月にふさわしい縁起の良い神々しい植物である。

次候「水泉動（すいせんうごく）」凍った泉が動き始める　・新暦：1月10日～14日頃

写真㉓－6

凍った泉が動き始める頃である。しかし、実際には気温の低下がこれから一段と進むのは間違いない。北海道の沿岸部に流氷が初めて確認される「流氷初日」は1月中旬～下旬頃。水温む季節はやはりはるか先のことである。

それでも、冬至から20日程を過ぎ、日脚の伸びと陽の光の勢いが確実に復活したのを感じる。寒さの極みの頃だけに、陽に温む少しばかりの水の動きをも期待する、季節を先どりの心持ちなのだろう。

末候「雉始雊（きじはじめてなく）」オスのキジが鳴き始める　・新暦：1月15日～19日頃

写真㉓－7

オスキジがそろそろ鳴き始める頃である。繁殖期は3月～8月。オスは早春から、少し高い所で「ケーンケーン」と頻繁に鳴くようになる。

1km先まで届く独特の囀りは、縄張りを守るのに役立つ。同時に、オスの顔の肉垂は赤味を増し、顔を覆うほど肥大し、鮮やかな羽毛に加えてさらに美しさが増す。

見た目の派手なオスは、子育ては地味な色合いのメスにすべてまかせっきり。だが、決して着飾って他のメスを探し歩いているわけではない。繁殖のために、縄張りをしっかり守り、パトロールに明け暮れているのである。

鏡餅は蛇神様

正月飾りを飾っておくのは、松の内の正月十五日（小正月）までという所が多いが、気ぜわしい現在では七日までの所もある。鏡開きが終わる十五日まで、職人さんや漁師さんは仕事を休む時代もあったが、今の世は正月三が日でさえ仕事をしなければならない人も少なくない。気ぜわしい時代になるにつれ、門松も注連飾りもすっかり姿を消し、正月の風情を感じる伝統的な風習が年々廃れていく。

鏡餅は、正月にお迎えする歳神様の御神体である。中世までは餅鏡（もちひかがみ）といい、武家では具足の前に飾ったので具足餅といった。

鏡餅を離れて真横から見てみよう。蛇がとぐろを巻いている姿に見えてこないだろうか？　日本の古代神の多くは大蛇に由来しているという。その蛇の古語は「カカ」あるいは「ハハ」である。今でも、青大将のことを「山カガシ」あるいは「山カカ」と呼ぶ地方がある。母親を「ハハ」や「カカ」と呼ぶのも、女性をヘビの親類だと見なしたからだ。大きなお腹の臨月前の女性の姿を、大きな獲物を飲み込んだ蛇の姿に重ね、蛇の同類と見なしたのである。すなわち、鏡餅の「鏡」は蛇身（カカミ）であり、蛇そのものを表している。さらに、蛇目（カカメ）すなわち蛇の目であると、吉野裕子は『蛇—日本の蛇信仰』で論考している。

写真㉓－8

写真㉓－9

鏡餅を今度は真上から見ると、縁取りのある大きな丸い目に見えないだろうか？　瞬き一つしない丸く見開いた輝く目。それは大蛇の目そのものである。一年は蛇神様に守られ始まるのである。

七草粥

写真㉓－10

「七種に更に嫁菜を加へけり」

（高浜虚子）

1月7日の七草の日には、セリ、ナズナ、ゴギョウ、ハコベラ、ホトケノザ、スズナ、スズシロの7種の植物が入った七草粥を食べる。新年に若菜を食べる風習は7世紀初頭からあったが、7種類を使うようになったのは平安時代中期からである。七草は汁物で食べたが、これが粥になったのは室町時代からである。これは、正月十五日に食べられた七種粥の影響と見られるが、その七種は米、粟、黍、稗、大豆（みの）、胡麻、小豆の7種の穀物であった。

中国の唐では「七種菜羹（ななしゅさいのかん）」を食べて無病を呪った。また、この日は五節句の人日（じんじつ）の節句である。中国の前漢の占書によれば、正月一日から鶏、狗、猪、羊、牛、馬の順で獣や家畜を占い、七日に人を占ったという。七日が晴天なら吉、雨天なら凶の兆しとされた。日本の七草は、このような人日の習いが伝わったもので、野草の生命力で邪気を払い、無病息災を願う風習である。

真冬のロゼット

極寒の冬枯れの中、なお緑色の葉をした野草がある。その冬萌えの葉は地面をぺたりと覆うように広がっている。草姿がバラの花びらのようだからロゼット（rosette）と呼ばれる越年草の冬越しのスタイルなのである。放射状に広がる葉（根生葉）をロゼット葉という。真冬をぺったんこの草姿で過ごす植物は、冬の前に発芽して春とともに一気に草丈を伸ばすノゲシ、ハルジョオン、ブタナなどの越年草に多い。

写真㉓－11

葉が、茎の節間が著しく短縮した地上茎（短縮茎）の基部につくため、根から直接葉が出ているように見えるのだ。草丈を低くして寒風に吹き晒されるのを避け、地面に平らに葉を広げることで陽光を効率良く浴びる冬越しの工夫である。そのエネルギーで、他の植物が生えない冬場に、地中の根はしっかり成長していて、他の植物がやっと目覚める頃に、春の訪れと同時に素早く枝葉を伸ばすことができるのである。寒空に耐える姿がいじらしいロゼットだが、春以降に始まる植物同士の太陽光を奪い合う厳しい生存競争を生き抜くための賢い戦略だったのである。

イラガの繭は防寒具？

寒中の野山で活動中の昆虫を探すのは至難だが、カマキリの卵、蓑虫、イラガの繭など、暖かそうなコートを羽織った冬眠中の姿ならたやすく見つかるだろう。どれもこれも完璧そうな防寒服に身を包んでいるが、カマキリは卵、蓑虫は幼虫、イラガは蛹と、発育ステージは様々。テントウムシやオサムシなどはコートなしの成虫態で越冬する。このように、昆虫類は種により越冬態が決まっていて、それぞれ厳冬期の低温や乾燥に耐える形態や生理的特性を備えている。

ただの防寒用と思うイラガの繭、実は保温効果が主目的ではないのだ。氷結の原因となる水が直接虫体に付着するのを防止し、さらに乾燥化防止が主要な役目なのである。同じようにミノムシの蓑もカマキリの卵鞘も、雨や雪で虫体を濡らさないための雨具だとみてよいだろう。

写真㉓－12

写真㉓－13

イラガの繭の過冷却点は－20℃以下。過冷却とは凝固点より温度が下がっても凍り始めない状態のことだが、繭から出した（前）蛹に水を付着させる実験をすると、この水が氷の種（氷核）となり、過冷却点以上の－５℃前後で凍結してしまうという。越冬中の昆虫にとって、虫体が雨や雪で濡れることは命取りだから、防水性に優れた繭や蓑は命を守る雨合羽なのである。こうした雨具を持たない成虫は、体が濡れないように大きな葉、木の皮、石などの下に隠れたり、朽木や土に潜り冬を過ごすのである。

寒に集うカイツブリ

冷たい季節風で波立つ池に、カイツブリの大きな群れが列になって泳いでいた。数えると24羽。これほどの群れに出会った記憶はあまりない。以前の群れの撮影時期を調べると、みな寒の頃ばかりだ。それでは、カイツブリは寒の頃だけ群れを作るのだろうか。

カイツブリは春から秋までと繁殖期が長く、その間は番で縄張りを作っている。「鳰」や「息長鳥」の名で古くから親しまれる小さくかわいい水鳥だが、縄張り意識は並ではない。オスは鋭い声で「キルキル……」と鳴きながら水面を蹴り侵入者めがけ突き進む。メスも同調し、番で協力して敵を追い払う。この気性なら、非繁殖期の冬場以外に群れないのもうなずける。大きな群れは間違いなく冬限定の光景のようだ。

写真㉓－14

「浮き沈む鳰の波紋の絶間なく」
（高浜虚子）

カイツブリは巧みな漁の名手。潜水時間は30秒で、毎秒約２ｍの速さで水中を泳ぐ。右に左にすばやく方向転換して自由に潜水する優れたダイバーだ。巧みな泳ぎの秘密は、脚が体の後端にあり、木の葉形の脚ひれで、どの方向にも自由に動かせる柔軟な脚を持つからである。

気の強いスポーツ系だが、やさしい母性も他に負けない。雛には、餌を細かくし、硬い部分を取り除いて与える。動きの早い小魚やカニなどは雛には捕まえにくいので、２ヶ月ほど親が給餌を続けるという子煩悩振りである。寒風の吹きすさぶ湖面に浮かぶ姿だけからは見えない、興味深い生態を秘めている。

霜の花

写真㉓－15

小寒の頃、東京や大阪の最低気温は２℃前後となる。気象台では地上1.5ｍの気温を観測するから、気温が３℃以下なら地面付近の気温は０℃以下となり、雨が雪に変わりやすいので、東京や大阪も寒に入れば雪や霜の降る機会が増す。

早朝、車のフロントガラスが霜で真っ白になった。見事な「窓霜」である。霜が針状、雪の結晶、レース、羊歯の葉などの模様を窓に描くのが窓霜で、－５～－６℃以下で出来やすい。霜の朝、霜だまりの冬田が面白い。わずかに白み始めた光に、枯れ草が銀白色の明かりを清楚に放つ「霜だたみ」の白い風景が広がり、早々と咲くオオイヌノフグリのブルーの花弁に降る霜の結晶が、粉砂糖を振りかけた菓子のような「霜の花」となり、不思議な霜の造形を見て寒さも忘れる。

「ひつぢ田に霜の花見る朝かな」（芭蕉）

写真㉓－16

写真㉓－17

霜は「三つの花」とも言う。「水の花」の訛化で、雪の「六つの花」に対する言葉で「さわひこめ」の異名もある。「青女」は、前漢の思想書『淮南子』の雪や霜を降らせる女神に因む。霜をめぐる様々な言葉を連想しながら、「霜晴」の里を歩けば、厳寒の季節も辛いばかりではないと思えてくる。

㉔ 大寒　寒さの極み

・新暦：１月20日～２月３日頃　・旧暦：十二月　・和風月名：師走

大寒は新暦の１月21日頃で、太陽黄経が300度の点を通過する日。寒さが最大になる頃である。冬至からひと月を過ぎ、太陽の光はずいぶん明るさを取り戻しているが、実際に大地が温もり始めるのはあと半月先までお預け。日中で０℃を超えることのない地域では、川や池も厚く硬く凍り、軒先の氷柱も大きく成長する。氷と雪に囲まれる極寒の季節である。

関東では、ひと月の間に日没時刻は30分程遅くなる。１日に１分の割合で日が長くなる「日脚伸びる」春隣に、寒さの極みの中に「光の春」の訪れを実感する。

「日脚伸びいのちも伸ぶるごとくなり」
（日野草城）

東京の最低気温の平均値が２℃を下回るのは、１月下旬と２月上旬のみで、文字どおり大寒の頃が最も寒さの厳しい時節となる。「冬日」はその日の最低気温が０℃未満の日で、「真冬日」はその日の最高気温が０℃未満の日をいう。観測史上での東京の真冬日の記録は４日のみ。そのうち３日は明治時代で、残る１日が昭和42年２月12日である。それ以降、１日も真冬日は記録されていない。ヒートアイランド化の進む都市部では、晩冬の厳寒もさほど身に浸みなくなる気配である。

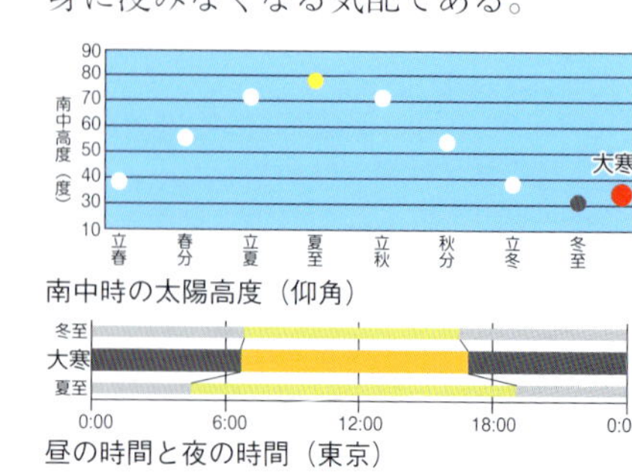

南中時の太陽高度（仰角）

昼の時間と夜の時間（東京）

冬
晩冬
㉔大寒

日本の最低気温の記録は、明治35年1月25日の旭川における－41.0℃で、その日は立ち木が裂け、野鳥が凍え死んで木からバラバラと落ちてきたそうだ。新田次郎の小説『八甲田山死の彷徨』のモデルとなった青森第五連隊の199名もの凍死者を出した八甲田山での雪中訓練の惨事は、同年1月23日であった。凄まじい大寒の寒波の中でのロシアとの戦争に備えた訓練だった。

写真㉔－2

その八甲田山は樹氷が最も美しい時期で、過冷却した霧粒が、雪に覆われたアオモリトドマツなどの樹木に付着して凍結して出来る。この「スノーモンスター」が最も成長するのは1月下旬から2月にかけて。蔵王のほか、限られた地域で見られるこの季節ならではの氷の造形である。

「冬梅のひとつふたつや鳥の声」

（土芳）

写真㉔－3

寒さの極みとはいえ、梅の花が枝先に春を連れてくる頃である。梅の開花日の平年値は、鹿児島が1月26日、東京が1月29日、青森が4月23日となっている。梅の開花の北上速度は1日に24kmだが、桜は1日に71kmなので、2ヶ月遅れで開花する鹿児島の桜に、梅は追いつかれることになる。

写真㉔－4

節分は季節の変わり目のことで、立春、立夏、立秋、立冬、それぞれの前日のこと。したがって、節分は年に4回あるが、室町時代以降は立春の前日の節分だけが重視されるようになった。節分は大寒の最終日で、冬から春への節目の日であり、旧暦の正月行事とも重なり、悪疫退散、招福を願う豆まきの風習として今も残っている。鰯の頭とヒイラギの枝を木戸口に刺す習いは承平5（935）年頃に書かれた紀貫之の『土佐日記』にも書かれている。近年、関西から広まった「恵方巻き」という新しい風習もお目見えしている。これは、低迷していた海苔の販売戦略として生まれたのが始まりである。

大寒の七十二候

初候「款冬華（かんとうはなさく）」フキノトウの蕾が出始める　・新暦：１月20日～24日頃

厳冬の中、雪や氷を破るようにして、他の野の花に先駆けてフキが蕾を出し始める頃である。代表的な山菜で、てんぷら、煮びたし、油いためなどでいただくと、特有の香りと苦みが冬を耐えた体を癒してくれるだろう。

写真㉔－５

繊維質が豊富で、整腸や発がん防止などの効果があるという。花茎は和款冬花（わかんとうか）の名で生薬として利用され、健胃、咳止め、解熱などの薬効で知られる。

雌雄株で、雄株は伸びないが、雌株は30～40cmになり綿毛のある種子をつくる。東北から北海道には大型のアキタブキが分布し、これも食用にされる。

次候「水沢腹堅（さわみずこおりつめる）」沢の氷が厚く張る　・新暦：１月25日～29日頃

写真㉔－６

沢の氷が厚く張る頃である。日本の気象官署における最低気温の１位は旭川の－41.0℃で、２位が帯広の－38.2℃、３位は倶知安の－35.7℃となっている。それぞれ１月25日、26日、27日に記録されている。大雪の次候の頃は、沢の水が凍るほどの低温に見舞われる季節であることを物語っている。

秩父や日光に残る、沢の水を専用の池に引き込んで作る、伝統の天然氷の切り出しは、この寒の時期の作業である。

末候「鶏始乳（にわとりはじめてにゅうす）」ニワトリが卵を産み始める　・新暦：１月30日～２月３日頃

日脚に春の気配を感じ、ニワトリが卵を産み始める頃である。夏季など、日長の長い時期によく産卵するので、日照時間が少なく産卵数が減る冬場は、養鶏では白熱電球か蛍光灯の人工照明で日照を調整し、産卵数を調整している。産卵促進に必要な照明時間は１日10時間だという。光が鶏の脳下垂体前葉を刺激し、性腺刺激ホルモンが分泌されることで、産卵が促進される。さらに、産卵数には気温も影響し、13～24℃くらいが適温である。

写真㉔－７

御神渡り

さすが厳冬である。里の丘陵にある池が全面氷結していた。その表面は、鏡のようにツルツルではなく、かなり凸凹している。寒の間に、少し解けては、また凍ることを何日か繰り返したのだろう。「御神渡り」のなり損ないと言いたいところだが、それは失礼なことだからやめておこう。

御神渡りの神事で名高いのは、信州の諏訪湖。湖面の氷の厚さが10cm以上になり、－10℃程の冷え込みが数日続くと、昼夜の温度差で、氷が膨張と収縮を繰り返して出来た割れ目が、山稜のようにせり上がる、大寒の頃に起きる自然現象である。北海道の屈斜路湖などでも見られるが、本州で本格的に見られるのは諏訪湖だけである。南東から北に２本、南西から東に１本の計３本の道で出来ることが多く、最大高が1.8mで、湖岸から湖岸まで数キロメートルの氷の道が出来る年もある。

写真㉔－８

神官は御神渡りかどうかを認定する拝観式を行い、湖面の割れ目の状態で、その年の天候、農作物の出来具合、世の吉凶を占う。

御神渡りが出来ない年は「明けの海」と呼ばれる。最近は温暖化の影響か、御神渡りが起きない年が多く、近年で見られたのは、平成３・９・15・16・18・20・24・25年のみ。この道は諏訪大社上社の男神（建御名方命）が下社の女神（八坂刀売命）のもとに通った道と伝えられるが、神々の逢瀬も思いどおりいかない時代になったようでお気の毒である。

晩冬とトビの群れ

写真㉔－９

「夕焼け空が　まっかっか　とんびがぐるりと　輪をかいた　ホーイノホイ～」と大声で歌いながら、ふざけて帰った下校道。一、二羽のトビが、ゆったり輪を描いて夕空を舞う情景の歌が大流行したのは、貧しいけれども、今よりはるかに心が穏やかな時代だったからだろうか。

大寒に入ると、夕暮れの空に、トビの大きな群れが帆翔しながら移動しているのをよく目にするようになる。餌場から塒（ねぐら）に帰る群れだ。カラスやムクドリのように、トビも群れを作る鳥である。早朝、トビの群れは塒から飛び立ち、それぞれ餌場に分かれてゆく。夕方になると集合場所に集い、群れを作りながら再び塒に帰るのである。

晩夏の頃から塒を作り始め、秋の深まりとともに集団は次第に数を増す。大寒の頃に群れは最大となり、数百羽の群れになることもある。写真㉔－９の群れはこれよりは少ないが五十数羽はいるようだ。トビといえども立派な猛禽類、晩冬の雪晴れの空に大群が舞う風景は壮観である。

写真㉔－10

枯れ色の艶めき

冬の底の大寒の頃になると、秋に枯れた草木は乾ききった北風に揉まれ、すっかりカラカラに乾燥してしまう。秋、獣の毛のような柔らかな光を放っていたエノコログサは、それからかなり季節を経てしまっていて、芒の先がすっかりすり切れたり折れたりして、冬枯れの野は、その艶めきも失せ、一層うら悲しさを深くする。年を越して真冬らしい風景を演出するこんな枯れ草が「古草」。

里山の彼方此方に、その古草を刈る人がある。枯れ草の一番乾く立春にかけて、刈り払われた古草とともに枯れ野は焼かれ、里に漆黒に変貌した末黒野が現れる。やがて、野は芽生える新草の瑞々しい艶めきに覆われるのである。

枯れ野のその色を「被て枯色に紛れ込む」と句に綴るのは三橋鷹女。そのまま読めば、枯草色に染め尽くされた一面の枯れ野の風景が浮かび上がる。褐色の寂しい冬ざれが見事に表現された秀句だと納得する。しかし、この人が自立と奔放の作風で知られ、古い道徳観に縛られない戦後派の女流俳人であったことを思い出す時、枯色を被ているのは枯れ草などではないと気づくだろう。すると、荒涼としありふれた朽野（くだらの）は、俄に枯れ草に紛れる逢瀬の場へと変貌してしまう。

改めて野の枯れ草を見てみよう。それは、ただ寂しく憂いに満ちた「死せるもの」などではなく、妖艶な匂いすら漂わせる「生々しいもの」に変容したように見えてくるだろう。そして、詩人の言葉の魔力に改めて驚かされるのである。

写真㉔－11

冬芽

写真㉔－12

「雪割れて朴の冬芽に日をこぼす」
（川端茅舎）

生きものの少ない真冬は、冬芽の観察が面白い。短日になると落葉や冬芽の休眠が始まる。落葉と木の芽の休眠を誘引するのは、アブシジン酸という植物ホルモン。秋が近づくと葉や導管内の樹液中に、このホルモンが蓄積するのである。冬芽は、芽の生長点を芽鱗によって、冬の寒さや乾燥から守り、成長を止めて休眠を続ける。

芽鱗の形状は様々で、ネコヤナギなどのヤナギ属では１枚の芽鱗が冬芽全体を包み、コブシやモクレンでは長い毛のある大きな芽鱗で覆われる。カエデ属、ネジキ、イチジクなどでは２枚の芽鱗で包まれる。ほかにも４枚のシラカバ、５～12枚のヤマブキ、ムクロジなど、12～16枚のソメイヨシノ、18～22枚のアンズ、18～26枚のブナなど、芽鱗の形状はバラエティーに富む。

芽鱗のない裸芽もある。多くは、露出した縮んだ葉が細毛で被われる。ムラサキシキブ、アカメガシワ、アジサイなどがこの仲間。そのほか、冬芽が葉痕（葉の落ちた痕）の中に隠れて外から見えない隠芽のニセアカシア、ノブドウなどがある。さらに、鱗芽や裸芽で、冬芽が遅くまで残り、葉柄に包まれて保護される葉柄内芽があり、ヌルデ、プラタナスがその例である。

光の春

「光の春」は、ロシアのモスクワの自然誌にある「2月は光の春である」という一文を、倉嶋厚が紹介して広まった言葉である。北の地の雪やつららは、2月の太陽で滴を落とし始める。確かに、冬至を過ぎてしまえば、レースのカーテン越しの陽の光にも、俄に明るさが増したと感じたりする。夏の日差しに比べれば、わずかに明るさが増したに過ぎないが、冬至前の暗く陰鬱な気配が嘘のように消え去っている。ほんの少しの光の復活だが、春を待ちわびる人には天の救いのように嬉しい。2月は最寒の季節だが、陽の光には確実に春が訪れているのである。

写真㉔－13

冬至は光の季節を分ける大切な節目。陽光の変化に敏感な植物は、一陽来復の光に春をしっかりキャッチして、その時、既に目覚めている。極寒の寒林や枯れ草を覗いてみよう。植物の冬芽は間違いなく膨らみを帯びていて、来たるべき春の準備を始めているのを知るだろう。

「ほどけたる雪に日溢れ春隣」

（日野草城）

暦の春も、光の春も、実態にはそぐわないせっかちな春かもしれない。寒暖計の目盛で知る「気温（熱）の春」は肌で感じる春だが、光の春は、目で春の到来を悟る感性の春なのだろう。冬と春とがせめぎ合う春間近の、寒々しくも、柔らかな光の春の気配である。

春隣

大寒の末日が節分。長い冬が終わり、翌日は待ち望んだ春の到来だ。季節の境目の節分には、陰と陽がせめぎ合い、疫鬼が疫病や飢餓をもたらすから、戸口に鬼の嫌いな鰯の頭を柊の枝に刺して置き、豆を蒔いて邪気を追い払う。この「鬼やらい」の習は、中国の追儺（ついな）の儀式に由来するという。

川縁の草葎にも鬼がいた。どれも幼い鬼。立派な角はあるが、畏怖や戦慄とはほど遠い面立ちである。レンズの先に映る表情は、何かに怯えたようにさえ見える。子鬼の小さな瞳の奥に、大きなガラス玉の銃口がキラリと光る。カメラを向け続けるうちに、私が鬼だと悟ると、魔神の子はクズの冬芽の姿に戻っていた。

写真㉔－14

川縁の風はまだ冬最中のような冷たさだが、注ぐ陽の光や空の青さはほんのり早春の輝きと色を帯びている。その冬芽に、金色の産毛に覆われた若芽が吹き出すのも間近い「春隣」である。「冬果つ」「冬終わる」「冬行く」「冬去る」「冬の別れ」「冬送る」「冬の名残」「冬の限り」と、「冬尽くす」日が様々に表現されるのは、言い尽くせない待つ春への期待の証だろう。

「時ものを解決するや春を待つ」

（高浜虚子）

写真図版 索引

〈春〉	写真説明	頁
写真③-1	春の気配で目を覚ましたばかりのニホンカナヘビ。土に塗れ、まだ眠気眼だ。啓蟄にこんなシーンに遭えると嬉しい。	30
写真③-2	啓蟄に目覚め、さっそく交尾するナナホシテントウ。オオイヌノフグリも咲いている。	31
写真③-3	池の中のニホンヒキガエルの卵塊	
写真③-4	越冬から目覚めたアメリカザリガニ	
写真③-5	体に土が付いている、越冬から目覚めたばかりのニホンアマガエル	32
写真③-6	モモの開花	
写真③-7	モンシロチョウの羽化	
写真③-8	越冬から目覚めたニホントカゲ	33
写真③-9	日光浴するテングチョウ	
写真③-10	日光浴するルリタテハ	
写真③-11	翅に鳥に襲われたような傷のある越冬明けのキタテハ	
写真③-12	雪のバレンタインデー。その2011年、翌日も雪となった。翌月、大震災に見舞われた。忘れられない年の春の雪	34
写真③-13	春の雪と草の若葉	
写真③-14	スギの雄花。黄色い花粉が見える。	
写真③-15	芽吹き始めたノイバラの新芽	35
写真③-16	モチツツジの濃い緑の越冬葉と薄緑の若葉	
写真③-17	アジサイの発芽	
写真③-18	ハクモクレンの花芽	
写真③-19	ボタンの若芽	
写真③-20	セリバオウレンの花	
写真③-21	カンサイタンポポの花	
写真③-22	ケスハマソウの花	
写真③-23	コスミレの花	
写真④-1	コブシの花	36
写真④-2	パンジーの花にうっすら積もる春の雪	37
写真④-3	満開のソメイヨシノ	
写真④-4	アブラチャンの花	
写真④-5	トサミズキの花	
写真④-6	ソメイヨシノより早咲きのカワヅザクラ	
写真④-7	ソメイヨシノよりやや早く咲くヤマザクラ	
写真④-8	日光浴するスズメの群れ	38
写真④-9	ソメイヨシノの開花	
写真④-10	春の雷は昼夜を問わず落ちる。	
写真④-11	仲春の野にツクシが伸び出る。	39
写真④-12	ツクシの胞子嚢穂	
写真④-13	カンサイタンポポの花	40
写真④-14	スミレの花	
写真④-15	アケボノスミレの花	
写真④-16	ニオイタチツボスミレの花	

〈秋〉	写真説明	頁
写真⑬-10	キキョウの花	93
写真⑬-11	シオカラトンボの未熟なオス。成熟すると胸も塩を吹いたように白くなる。	94
写真⑬-12	ショウジョウトンボの停飛（ホバーリング）	
写真⑬-13	イネの花	95
写真⑬-14	葉に上り、鎌を挙げるチョウセンカマキリの幼虫	
写真⑬-15	巻雲（絹雲）。低気圧が近づく前に現れる。	
写真⑬-16	巻積雲。低気圧が近づく前に現れる雲で、いわし雲、うろこ雲などと呼ばれ、春や秋によく見られる。	
写真⑭-1	収穫前のイネを守る案山子	96
写真⑭-2	池に浮かぶハネナシアメンボ。秋になると長翅型も現れる。	97
写真⑭-3	刈り取り間もないイネと初秋の空	
写真⑭-4	台風の豪雨で増水した川の濁流	
写真⑭-5	台風が接近し、横なぐりの雨が降る。	
写真⑭-6	ワタの花	98
写真⑭-7	草の葉に結んだ露	
写真⑭-8	イネの実った田んぼで採餌するツバメ	
写真⑭-9	ヤマハギの開花	99
写真⑭-10	オミナエシの花	
写真⑭-11	クズの花	
写真⑭-12	サワヒヨドリの花	
写真⑭-13	カワラナデシコの花	
写真⑭-14	ススキの花（真赭の芒・ますほのすすき）	
写真⑭-15	キカラスウリの花	100
写真⑭-16	マイコアカネ。成熟すると顔が舞妓さんの顔のような青白になる。	
写真⑭-17	マユタテアカネ。顔の眉状の黒い紋が特徴。	
写真⑭-18	キリギリス。盛夏は草藪に隠れて姿を見難いが、初秋になると、草の上などに止まる姿を見かける。	101
写真⑭-19	ソメイヨシノの幹に止まるツクツクボウシ	
写真⑮-1	草の葉に結んだ露	102
写真⑮-2	台風でなぎ倒されたイネと採餌にやって来たチュウサギ	103
写真⑮-3	台風が近づき、積雲が現れた不気味な空模様	
写真⑮-4	十五夜の頃、前線の雨が多い季節。この夜も「雲の名月」となった。	
写真⑮-5	寝待月。日没後４時間経って出るので、「寝て待って月を眺める」ことになる。	
写真⑮-6	草の葉に結んだ露	104
写真⑮-7	セグロセキレイ	
写真⑮-8	地面に止まるツバメ	
写真⑮-9	キク畑のノビタキのオス。ノビタキは春と秋の渡りの時期に、一時期留まる姿がある。	105
写真⑮-10	「菊酒」は９月９日の重陽の節句に飲む風習がある。	
写真⑮-11	中秋の名月	
写真⑮-12	中秋の名月のひと月後の「十三夜」の月	
写真⑮-13	交尾するノシメトンボ	106

〈冬〉	写真説明	頁
写真㉔-14	小さな鬼のようなクズの冬芽。節分の野で見つけた里の片隅の春隣	161

画像提供者（敬称略）

工藤敏夫（ワカサギ）、佐藤嘉宏（シカの角、ツキノワグマ）、中田一真（シロウロコツルタケ、ウスヒラタケ）、中谷幸司（春の雷、秋の雷）、矢島久行（サケの遡上）

索　引

あ

か

さ

た

な

は

ま

や

ら

わ

参考・引用文献

✼生物

1）朝比奈英三『虫たちの越冬戦略』北海道大学図書刊行会、1991年
2）浅山英一『花と草木の事典』講談社、1994年
3）足田輝一『樹の文化誌』朝日新聞社、1985年
4）新井裕『赤とんぼの謎』どうぶつ社、2007年
5）新井裕『トンボの不思議』どうぶつ社、2001年
6）飯倉照平『中国の花物語』集英社、2002年
7）石田昇三、他『日本産トンボ幼虫・成虫検索図説』東海大学出版会、1988年
8）稲垣栄洋『身近な雑草のゆかいな生き方』草思社、2003年
9）岩槻和男、他監修『植物の世界』（全150冊）朝日新聞社、1994―1997年
10）上野俊一、他監修『動物たちの地球』（全143冊）朝日新聞社、1991―1994年
11）植松黎『毒草を食べてみた』文藝春秋、2000年
12）江島正朗『モンシロチョウ』文一総合出版、1987年
13）大場信義『ゲンジボタル』文一総合出版、1988年
14）大場秀章『花の男　シーボルト』文藝春秋、2001年
15）岡崎恵視、他『花の観察学入門』培風館、1999年
16）小川和佑『日本の桜、歴史の桜』ＮＨＫ出版、2000年
17）小川潔『日本のタンポポとセイヨウタンポポ』どうぶつ社、2001年
18）石井英美、他『木に咲く花』（全３冊）山と溪谷社、2000―2001年
19）奥山風太郎『日本のカエル』山と溪谷社、2002年
20）林弥栄 監修『日本の樹木』山と溪谷社、1985年
21）林弥栄 監修『野に咲く花』山と溪谷社、1989年
22）唐沢孝一『都市鳥ウォッチング』講談社、1992年
23）川内博『大都市を生きる野鳥たち』地人書館、1997年
24）川崎哲也、他『日本の桜』山と溪谷社、1993年
25）草川俊『有用草本博物事典』東京堂書店、1992年
26）小清水卓二『万葉の草・木・花』朝日新聞社、1970年
27）小林正明『花からたねへ―種子散布を科学する―』全国農村教育協会、2007年
28）小林正明『身近な植物から花の進化を考える』東海大学出版会、2001年
29）酒井興喜夫『カマキリは大雪を知っていた』農文協、2003年
30）佐藤潤平『薬になる植物』（第１集、第２集）創元社、1993年
31）菅野徹『町中の花ごよみ鳥ごよみ』草思社、2002年
32）田中誠二、他『休眠の昆虫学』東海大出版会、2004年
33）田中肇『花生態学入門・花に秘められた謎を解く』農村文化社、1993年
34）田中肇『花と昆虫、不思議なだましあい発見記』講談社、2001年
35）田中肇『花と昆虫が作る自然』保育社、1997年
36）中尾舜一『セミの自然誌』中央公論社、1990年
37）中島秀雄『冬尺蛾』築地書館、1986年
38）中村浩『園芸植物名の由来』東京書籍、1998年
39）沼田英治・初宿成彦『都市にすむセミたち　温暖化の影響？』海遊舎、2007年

40）八田洋章『木の見かた、楽しみかた』朝日新聞社、1998年
41）日高敏隆 監修『日本動物大百科』（全11巻）平凡社、1996―1998年
42）深津正『植物和名の語源』八坂書房、1999年
43）深津正『植物和名の語源探求』八坂書房、2000年
44）深津正・小林義雄『木の名の由来』東京書籍、1993年
45）福田晴夫、他『原色日本蝶類生態図鑑　Ⅰ～Ⅳ』保育社、1984年
46）麓次郎『四季の花事典　増訂版』八坂書房、1999年
47）星川清親『改訂増補　栽培植物の起源と伝播』二宮書店、1987年
48）前川文夫『植物の名前の話』八坂書房、1994年
49）牧野富太郎『改訂増補　牧野新日本植物図鑑』北隆館、1995年
50）牧野富太郎『植物知識』講談社、1981年
51）松井正文『カエル―水辺の隣人』中央公論新社、2002年
52）松山利夫・山本紀夫 編『木の実の文化誌』朝日新聞社、1992年
53）室井綽・清水美重子『続　ほんとの植物観察』地人書館、1995年
54）室井綽・清水美重子『ほんとの植物観察』地人書館、1983年
55）森岡照明、他『日本のワシタカ類』文一総合出版、1995年
56）守山弘『水田を守るとはどいいうことか』農文協、1997年
57）柳宗民『日本の花』筑摩書房、2006年
58）柳宗民『柳宗民の雑草ノオト』毎日新聞社、2002年
59）柳宗民『柳宗民の雑草ノオト②』毎日新聞社、2004年
60）柳宗民、他監修『週間花百科』（第１～16号）講談社、2004年
61）山田正篤『身近の植物誌』東京化学同人、1998年
62）湯浅浩史『植物ごよみ』朝日新聞社、2004年
63）湯浅浩史『花の履歴書』講談社、1995年

✲気候・気象
64）内嶋善兵衛『〈新〉地球温暖化とその影響』裳華房、2005年
65）今給黎靖夫『「いきもの」前線マップ　桜はいつ咲く？カエルはいつ鳴く？』技術評論社、2006年
66）尾池和夫『四季の地球科学』岩波書店、2012年
67）倉嶋厚『季節さわやか事典』東京堂出版、2001年
68）倉嶋厚『季節しみじみ事典』東京堂出版、1997年
69）倉嶋厚『季節の366日話題事典』東京堂出版、2002年
70）倉嶋厚『季節ほのぼの事典』東京堂出版、1998年
71）倉嶋厚『暮らしの気象学』草思社、1984年
72）坂根白風子『季語と気象』ひこばえ社、1990年
73）高橋健司『雲の名前手帳』ブティク社、1998年
74）高橋健司『四季の教科書』教育出版、2003年
75）高橋順子・佐藤秀明『雨の名前』小学館、2001年
76）田代大輔『お天気歳時記』ＮＨＫ出版、2005年
77）日本生気象学会『生気象学の事典』朝倉書店、1992年
78）半東利一『風の名前　風の四季』平凡社、2001年
79）平塚和夫『日常の気象事典』、東京堂出版、2000年
80）百瀬成夫『四季・動植物前線』技報堂出版、1998年
81）安田喜憲『気候変動の文明史』ＮＴＴ出版、2004年

✲暦
82）岡田芳郎『旧暦読本』創元社、2006年
83）岡田芳郎『暦ものがたり』角川書店、1982年
84）岡田芳郎『暦を知る事典』東京堂出版、2006年
85）岡田芳郎・阿久根末忠『現代こよみ読み解き事典』柏書房、1993年

✲民俗・文化
86）桜井満『花の民俗学』講談社、2008年
87）J.ブロス 著、藤井史郎、他訳『世界樹木神話』八坂書房、2000年
88）芦田正次郎『動物信仰事典』北辰堂、1999年
89）安藤潔『カラー版「桜と日本人」ノート』文芸社、2004年
90）五十嵐謙吉『植物と動物の歳時記』八坂書房、2000年
91）五十嵐謙吉『新　歳時の博物誌Ⅰ、Ⅱ』平凡社、1998年
92）小川和佑『桜と日本人』新潮社、1993年
93）鹿島茂『フランス歳時記』中央公論社、2002年
94）小池淳一『伝承歳時記』飯塚書店、2006年
95）小林忠雄・半田賢龍『花の文化誌』雄山閣出版、1999年
96）斉藤正二『植物と日本文化』八坂書房、2002年
97）武田久吉『植物と民俗』講談社、1999年
98）永田久『年中行事を科学する』日本経済新聞社、1989年
99）野本寛一『神と自然の景観論　信仰環境を詠む』講談社、2006年
100）野本寛一『生態と民俗　人と動植物の相渉譜』講談社、2008年
101）福岡イト子『アイヌ植物誌』草風館、1995年
102）藤井一二『古代日本の四季ごよみ』中央公論社、1997年
103）松田道夫『大江戸花鳥風月名所めぐり』平凡社、2003年
104）宮本常一『ふるさとの生活』講談社、1986年
105）柳田國男『年中行事覚書』講談社、1977年
106）湯浅浩史『植物と行事』朝日新聞社、1993年
107）吉野裕子『蛇―日本の蛇信仰』講談社、1999年
108）吉野裕子『山の神－易・五行と日本の原始蛇信仰』講談社、2008年

✲文学
109）安東次男『花づとめ』講談社、2003年
110）飯田龍太、他監修『カラー版　新日本大歳時記』（全５冊）講談社、1999―2000年
111）小川和佑『桜の文学史』文藝春秋、2004年
112）興膳宏『漢語日暦』岩波書店、2010年
113）角川書店 編『合本俳句歳時記』角川書店、1998年
114）北杜夫『どくとるマンボウ昆虫記』新潮社、1961年
115）國文学編集部 編『古典文学植物誌』學燈社、2002年
116）小林清之介『季語深耕［虫］』角川書店、1985年
117）佐佐木幸綱・復本一郎 編『名歌名句辞典』三省堂、2004年
118）大後美保『新装版　季語辞典』東京堂出版、1998年
119）高浜虚子『新歳時記』三省堂、1934年
120）中尾舜一『図解　昆虫俳句歳時記』蝸牛新社、2001年
121）復本一郎『俳句の鳥・虫図鑑』成美堂出版、2005年

122）松本孝芳『古事記のフローラ』海青社、2006年
123）水原秋櫻子『俳句歳時記』講談社、1995年
124）安富風生 編『俳句歳時記（全五巻）』平凡社、1959年
125）山田卓三・中嶋信太朗『万葉植物事典 「万葉を詠む」』北隆館、1995年
126）山谷春潮『野鳥歳時記』冨山房、1995年

【参考Webサイト】

• こよみのページ　http://koyomi.vis.ne.jp/
• 気象庁　http://www.jma.go.jp/jma/index.html

著者

今給黎　靖夫　（いまきいれ　やすお）

1952年、鹿児島県生まれ。兵庫県神戸市在住。著書に『「いきもの」前線マップ』（技術評論社）、共著に『神戸・六甲山の チョウと食草 ハンドブック』（ほおずき書籍）などがある。日本自然科学写真協会会員、季語と歳時記の会会員。季節と自然の写真家。

ブログ「Colocasia's Photo World」 URL：http://colocasia.exblog.jp/

季節と自然のガイドブック
二十四節気 七十二候の自然誌

2016年１月15日　初版発行　　定価はカバーに表示

著　者　今給黎 靖夫

発行者　木戸　ひろし

発行所　ほおずき書籍株式会社
〒381-0012　長野市柳原2133-5
TEL（026）244-0235㈹
http://www.hoozuki.co.jp/

発売元　株式会社星雲社
〒112-0012　東京都文京区大塚3-21-10
TEL（03）3947-1021

ISBN978-4-434-21511-7